ATIVIDADE EXPERIMENTAL PROBLEMATIZADA (AEP)

60 experimentações com foco no ensino de Química:
da educação básica à universidade

CB039463

Editora Appris Ltda.
2ª Edição - Copyright© 2024 dos autores
Direitos de Edição Reservados à Editora Appris Ltda.

Nenhuma parte desta obra poderá ser utilizada indevidamente, sem estar de acordo com a Lei nº 9.610/98. Se incorreções forem encontradas, serão de exclusiva responsabilidade de seus organizadores. Foi realizado o Depósito Legal na Fundação Biblioteca Nacional, de acordo com as Leis nºs 10.994, de 14/12/2004, e 12.192, de 14/01/2010.

Catalogação na Fonte
Elaborado por: Dayanne Leal Souza
Bibliotecária CRB 9/2162

S586a
2024

Silva, André Luís Silva da
Atividade experimental problematizada (AEP): 60 experimentações com foco no ensino da Química: da educação básica à universidade / André Luís Silva da Silva, Pablo Andrei Nogara. – 2. ed. – Curitiba: Appris, 2024.
323 p. : il. ; 23 cm.

Inclui referências.
ISBN 978-65-250-6135-1

1. Educação. 2. Ensino de Química. 3. Educação básica à universidade. I. Silva, André Luís Silva da. II. Nogara, Pablo Andrei. III. Título.

CDD – 540

Livro de acordo com a normalização técnica da ABNT

Appris editora

Editora e Livraria Appris Ltda.
Av. Manoel Ribas, 2265 – Mercês
Curitiba/PR – CEP: 80810-002
Tel. (41) 3156 - 4731
www.editoraappris.com.br

Printed in Brazil
Impresso no Brasil

André Luís Silva da Silva
Pablo Andrei Nogara

ATIVIDADE EXPERIMENTAL PROBLEMATIZADA (AEP)

60 experimentações com foco no ensino de Química:
da educação básica à universidade

Appris editora
Curitiba - PR
2024

FICHA TÉCNICA

EDITORIAL	Augusto Coelho Sara C. de Andrade Coelho
COMITÊ EDITORIAL	Ana El Achkar (UNIVERSO/RJ) Andréa Barbosa Gouveia (UFPR) Conrado Moreira Mendes (PUC-MG) Eliete Correia dos Santos (UEPB) Fabiano Santos (UERJ/IESP) Francinete Fernandes de Sousa (UEPB) Francisco Carlos Duarte (PUCPR) Francisco de Assis (Fiam-Faam, SP, Brasil) Jacques de Lima Ferreira (UP) Juliana Reichert Assunção Tonelli (UEL) Maria Aparecida Barbosa (USP) Maria Helena Zamora (PUC-Rio) Maria Margarida de Andrade (Umack) Marilda Aparecida Behrens (PUCPR) Marli Caetano Roque Ismael da Costa Güllich (UFFS) Toni Reis (UFPR) Valdomiro de Oliveira (UFPR) Valério Brusamolin (IFPR)
SUPERVISOR DA PRODUÇÃO	Renata Cristina Lopes Miccelli
PRODUÇÃO EDITORIAL	Bruna Fernanda Martins
REVISÃO	Luana Íria Tucunduva
DIAGRAMAÇÃO	Adriana Polyanna V. R. da Cruz
CAPA	Mario César de Souza Silva
REVISÃO DE PROVA	Renata Cristina Lopes Miccelli

COMITÊ CIENTÍFICO DA COLEÇÃO ENSINO DE CIÊNCIAS

DIREÇÃO CIENTÍFICA **Roque Ismael da Costa Güllich (UFFS)**

CONSULTORES

Acácio Pagan (UFS)
Noemi Boer (Unifra)
Gilberto Souto Caramão (Setrem)
Joseana Stecca Farezim Knapp (UFGD)
Ione Slongo (UFFS)
Marcos Barros (UFRPE)
Leandro Belinaso Guimarães (Ufsc)
Sandro Rogério Vargas Ustra (UFU)
Lenice Heloísa de Arruda Silva (UFGD)
Silvia Nogueira Chaves (UFPA)
Lenir Basso Zanon (Unijuí)
Juliana Rezende Torres (UFSCar)
Maria Cristina Pansera de Araújo (Unijuí)
Marlécio Maknamara da Silva Cunha (UFRN)
Marsílvio Pereira (UFPB)
Claudia Christina Bravo e Sá Carneiro (UFC)
Neusa Maria Jhon Scheid (URI)
Marco Antonio Leandro Barzano (Uefs)

APRESENTAÇÃO

Ainda antes de sua denominação e sustentação teórica, a presente obra foi escrita, em um primeiro formato, para atender ao programa de um Curso Técnico em Química, na Componente Curricular de Análise Química, desenvolvida em uma carga horária de 360 horas ao longo de dois anos, ministrada por um de seus autores no Instituto Estadual de Educação Prof. Annes Dias, no município de Cruz Alta/RS, entre os anos 2007 e 2014. A partir de então, vários elementos foram alterados e/ou aprofundados, de modo a hoje nos sentirmos confortáveis para apresentá-la como de ampla utilidade potencial ao tratamento experimental da Química na educação básica, na educação profissional e no ensino superior. No atual formato, configura-se em uma estratégia de ensino experimental, com foco no Ensino de Química, apresentada como AEP, em seus elementos teóricos e metodológicos, dos quais passaremos a tratar.

Denominamos de Atividade Experimental Problematizada (AEP) um processo de experimentação que se desenvolve a partir da demarcação de um problema de natureza teórica, isto é, uma experimentação que objetiva a busca por solução a uma situação-problema. A AEP apresenta o problema em sua origem; propõe-se uma experimentação tendo-se como base a caracterização de um problema de natureza teórica, a partir do qual se desenvolverá uma proposta de ações experimentais no propósito de busca por uma possível solução ao problema que a origina. Dessa forma, em AEP, um problema teórico dá origem a uma atividade experimental.

Tendo em vista esses elementos teóricos e metodológicos supracitados, a proposta de ensino experimental, cunhada como AEP, propõe uma articulação entre *Objetivo Experimental* e *Diretrizes Metodológicas*, alicerçados pela *Proposição* e análise crítica de um *Problema*, preferivelmente contextualizador, com elos notórios para com a realidade do aluno. Essa proposta de articulação teórico-metodológica pode ser vista no mapa conceitual mostrado na Figura 1.

Dessa forma, parte-se da proposição de um problema, de natureza teórica, contextualizado. Esse problema requer um objetivo experimental, do qual derivarão ações orientadoras aos trabalhos experimentais, denominadas de diretrizes metodológicas.

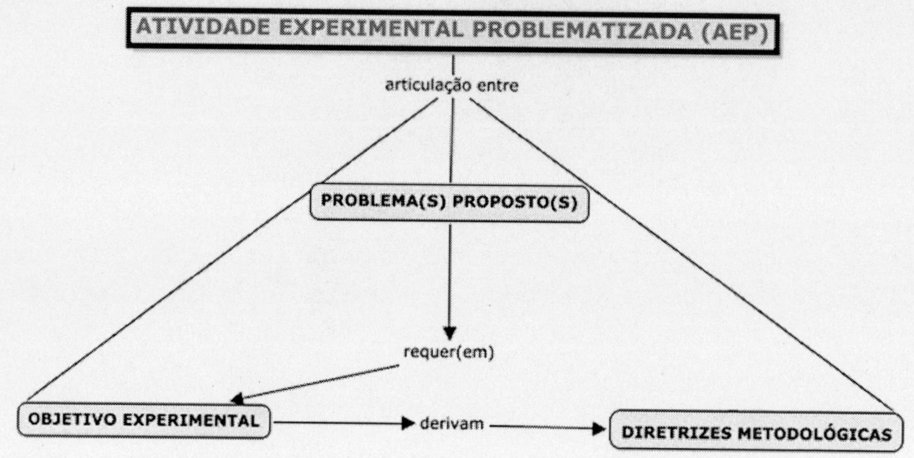

FIGURA 1 – ARTICULAÇÃO TEÓRICO-METODOLÓGICA PARA A PROPOSTA EM AEP
FONTE: Os autores.

O **Problema Proposto** (que poderá ser pluralizado) como origem da AEP requer a elaboração de uma solução, distinguindo-se de uma questão ou da singularidade de uma pergunta, as quais se satisfazem com uma resposta. Genuinamente, trata-se de uma situação exigente de um maior grau de amplitude. Possui uma natureza teórica, preferencialmente contextualizada. Para sua solução, incentiva a busca por uma rota de ações experimentais que levarão a dados que, após coletados, compreendidos e interpretados, poderão levar os sujeitos a uma perspectiva de solução.

Sob a fundamentação desse problema, sugere-se a elaboração de um **Objetivo Experimental**, geral e abrangente, para as propostas de atividades práticas, o qual levará a resultados, mas não necessariamente à solução do problema proposto. Trata-se de um eixo experimental que norteará a principal ação a ser desenvolvida, ou seja, de uma técnica da qual resultarão dados capazes de gerar uma solução. Deriva-se em diretrizes metodológicas.

As **Diretrizes Metodológicas** constituem um roteiro de ações práticas provindas do objetivo experimental. Atuam como elementos orientadores dos procedimentos a serem realizados. Não devem ser vistas como um fator limitador da experimentação, mas como uma etapa necessária, que oferece o estabelecimento das primeiras ações.

Além disso, visam à inteligibilidade do objetivo proposto e incentivam uma discussão entre os integrantes do grupo de trabalho anterior às suas ações, fatores fundamentais para organização das ideias individuais e estabelecimento de uma ação conjunta. Sob essa argumentação, sustentamos a razão pela qual alguns problemas propostos distinguem-se de suas diretrizes, em natureza e conteúdo, uma vez que o propósito das Diretrizes Metodológicas é oferecer respostas ao Objetivo Experimental, mas não ao(s) Problema(s) Proposto(s).

O mapa conceitual mostrado na Figura 2 traz os elementos integradores da AEP e suas conceituações, sob uma perspectiva de síntese.

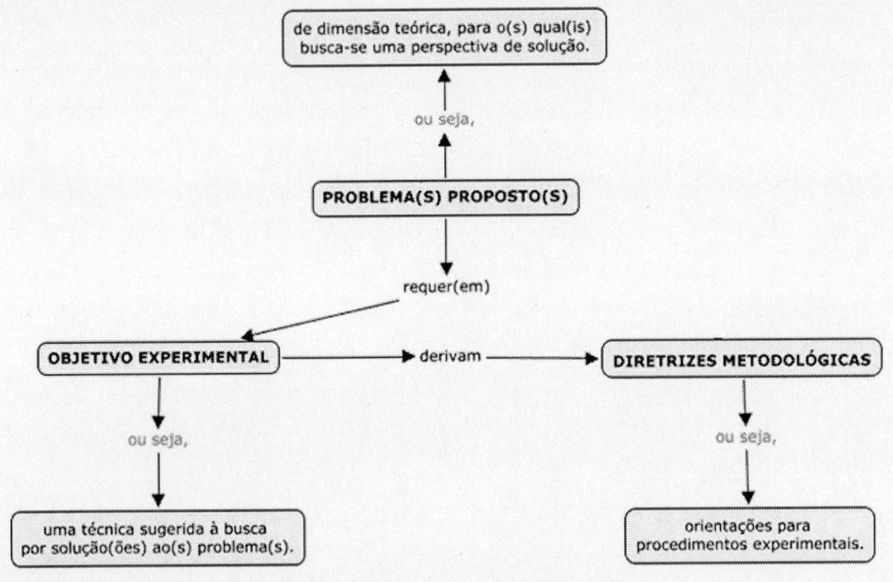

FIGURA 2 – DEFINIÇÃO DOS ELEMENTOS ARTICULADORES EM AEP
FONTE: Os autores.

São propostas nesta obra 60 AEPs, categorizadas em quatro unidades. Na **Unidade I**, sob a denominação *Técnicas Básicas de Instrumentação*, apresentamos 16 técnicas laboratoriais focadas nas questões de instrumentação e de operações básicas inerentes ao laboratório de Química. Na **Unidade II**, *Leis Ponderais e Cálculos Químicos*, trazemos 16 técnicas direcionadas aos fatores quantitativos da Química, sob uma perspectiva experimental. Na **Unidade III**, *Compostos Orgânicos e Macromoléculas*, propomos outras 16 experimentações envolvendo caracterizações e análises de propriedades de moléculas de natureza orgânica. Na **Unidade IV**, *Do Laboratório à Indústria Química*, apresentamos, sob uma perspectiva de fechamento das proposições, 12 técnicas de relevância e aplicabilidade industrial, buscando-se uma aplicação daqueles pressupostos descritos nas seções que a antecedem.

Conforme citado, cada AEP é proposta, em sua caracterização teórico-metodológica, pela articulação entre os eixos *Problema(s) Proposto(s)*, *Objetivo Experimental* e *Diretrizes Metodológicas*. Além disso, as organizamos em outros itens, de modo a garantirmos sua independência própria e amplitude procedimental. Para tanto, propomos um *título*, que apresenta suas proposições sob uma perspectiva geral, e uma *fundamentação teórica*, na qual caracterizamos os aportes teóricos necessários à efetiva fundamentação das ações experimentais. Ainda, temos no item *materiais* os recursos laboratoriais imprescindíveis à experimentação integral, e, em *reagentes*, nos quais estão propostas as fórmulas moleculares daqueles de natureza inorgânica, são mostrados os químicos e demais produtos necessários à realização dos procedimentos em sua formatação e completude apresentadas. Ao final, o item *questões sugeridas* pode ser usado para ratificação de conceitos relevantes e incentivo de pesquisas para complemento dos aspectos teóricos circunscritos. As *referências*, por sua vez, podem servir como fontes de consulta complementar, específicas para a AEP tratada, tendo estas sido consultadas para sua feitura.

Ao compor esta obra, não nos preocupamos em propor uma discussão pormenorizada dos resultados esperados para cada procedimento, tampouco em oferecer respostas às questões propostas ao final de cada AEP. Justificamo-nos a respeito argumentando que nosso objetivo central consiste na apresentação de experimentações problematizadas para o Ensino de Química a partir das articulações teórica e metodológica supracitadas, as quais impõem que as discussões, anteriores, concomitantes e posteriores a cada experimentação, constituam momentos profícuos de produção de conhecimentos em Ciências. Portanto, as AEPs tratam-se de ações promotoras de debates e discussões, em vez de oferecedoras de respostas e conclusões. Ademais, com isso não estamos restringindo o *experimentar* à realização de atos comprobatórios ou refutadores, de nenhuma natureza. Desse modo, todas as atividades propostas poderão ser complementadas, adaptadas, segmentadas, categorizadas ou sequenciadas deliberadamente, a partir de propósitos técnicos e/ou pedagógicos amplos.

Entretanto, cabe-nos fazer uma defesa enfática da completude teórica, procedimental e metodológica de cada AEP, bem como de sua independência. Ao propormos experimentações problematizadas, tomamos a devida precaução para que houvesse no próprio corpo de texto bases teóricas e aportes científicos fundantes e suficientes para uma discussão profícua e uma compreensão dos resultados obtidos. Isso está explícito em sua fundamentação teórica e nas próprias diretrizes metodológicas, oportunamente.

Tendo em vista algumas especificidades gerais, mas não secundárias, existem, ao longo do texto, alguns gráficos, quadros e tabelas como propostas de preenchimento, o que se justifica por nossa intenção de esta obra vir a ser utilizada como material de apoio instrucional, o que pode vir a ocorrer em seu formato original. Na fundamentação teórica de cada AEP, conceitos-chave são apresentados em negrito, o que pode facilitar a sua localização, quando necessário, durante a realização dos procedimentos experimentais. As diretrizes metodológicas, na maioria das AEPs, são seccionadas, a partir de objetivos experimentais explicitados no título de cada uma de suas partes.

Por fim, gostaríamos de agradecer a Édila Rosane Alves da Silva, pela diagramação inicial, a Mário César de Souza Silva, pelo *design* gráfico da capa, a Marcello Ferreira, Paulo Henrique dos Santos Sartori, Samara Magalhães Pereira, Daniane Stock Machado, Carlos Alberto Pereira Pedroso e Lucimara Beatriz Garcia, por contribuições gerais, e a Paulo Rogério Garcez de Moura, pela atual testagem e atualização das experimentações em seu ambiente profissional e pela feitura do sumário. Além, é claro, de a todos os alunos que, com suas dúvidas, comentários, críticas e sugestões ao se depararem com as experimentações apresentadas ao longo de quase 10 anos, ainda que em uma fase incipiente e, muitas vezes, pouco problematizada, contribuíram para com a composição final desta obra.

PREFÁCIO

> Saber ensinar não é transferir conhecimento, mas criar as possibilidades para a sua própria produção ou a sua construção. Quando entro em uma sala de aula devo estar sendo um ser aberto a indagações, à curiosidade, às perguntas dos alunos, a suas inibições, um ser crítico e inquiridor, inquieto em face da tarefa que tenho - a ele ensinar e não a de transferir conhecimento [...]. É a maneira correta que tem o educador de, com o educando e não sobre ele, tentar a superação de uma maneira mais ingênua por outra mais crítica de inteligir o mundo. Respeitar a leitura de mundo do educando significa tomá-la como ponto de partida para a compreensão do papel da curiosidade, de modo geral, e da humana, de modo especial, como um dos impulsos fundantes da produção do conhecimento.
>
> FREIRE, Paulo. *Pedagogia da Autonomia. Saberes Necessários à Prática Educativa*. São Paulo: Paz e Terra, 2002. p. 37.

Uma palavra inicial. É com imensa satisfação que apresento ao público interessado pela pesquisa educacional experimental em Ciências a presente obra, *Atividade Experimental Problematizada*. Posso atestar sua contribuição ao Ensino de Química pela utilização das práticas laboratoriais nas minhas atividades docentes em nível técnico e superior. Portanto, pude comprovar que essas práticas laboratoriais transcendem a relação simplista das testagens técnicas ou da comprovação das teorias expositivas realizadas nas salas de aula. Desse modo, esta obra distingue-se pelo modo da organização das práticas distribuídas nas unidades e nas técnicas laboratoriais, que tratam da articulação dos problemas propostos, dos objetivos experimentais, das diretrizes metodológicas e que trará à efetiva compreensão das ações experimentais.

Certamente, *Atividade Experimental Problematizada* provocará questionamentos, tanto epistemológicos quanto ontológicos, sobre os processos de ensino-aprendizagem em Ciências. Isso significa dizer que as reflexões epistemológicas, aquelas relacionadas à origem do conhecimento científico, serão decorrentes das indagações referentes aos porquês associados às práticas propostas nas atividades problematizadas pelos educadores e na busca da resolução dos problemas realizadas pelos alunos. Aliás, a relação aluno-professor adquirirá outra qualidade educacional, por meio do processo investigativo proposto, de modo que as fronteiras invisíveis, que provocam inibições de parte a parte, serão minimizadas pela forma integrada da busca inovadora do conhecimento científico. Quanto às discussões ontológicas referentes ao *status* do conhecimento científico, discute-se sobre suas significações e suas ligações com a realidade, se tal conhecimento seria uma metáfora ou uma cópia do real e o que seria tal realidade. O ensino das Ciências Químicas demanda uma metodologia compreensiva, tanto no aspecto cognitivo-reflexivo como no prático-experimental, de modo que as proposições aqui apresentadas se propõem a comprovar e a responder.

Nesse sentido, as atividades laboratoriais problematizadas em *Atividade Experimental Problematizada* distinguem-se pela originalidade metodológica, pela qualidade didático-pedagógica e pela ampliação da compreensão científica dos processos envolvidos aos fenômenos físico--químicos associados com os eventos cotidianos nos laboratórios de pesquisa didático-científica. Também pela possibilidade da superação das concepções positivistas que enfatizam o papel da comprovação e da testagem das teorias científicas pelas práticas experimentais convencionais, como que seguindo o "modelo da receita de bolo". A pesquisa científica contemporânea exige outra postura dos educadores e dos alunos, uma postura crítica e reflexiva que dê conta dos desafios das novas exigências, tanto didáticas quanto tecnológicas. Por isso, a implementação das práticas laboratoriais problematizadas contribuirá de modo efetivo para a qualificação do ensino no âmbito da aprendizagem significativa das Ciências Naturais.

Agradeço o convite dos autores, Prof. Dr. André L. S. Silva e Prof. Me. Pablo Andrei Nogara, para prefaciar a *Atividade Experimental Problematizada*, pois pude comprovar a eficiência e a resolutividade das suas técnicas laboratoriais, e, de modo especial, pela oportunidade de vivenciar com os autores o cotidiano do ensino e da pesquisa em Química. Essas oportunidades ímpares, das vivências e das produções coletivas, acrescenta qualidade ao fazer pedagógico. Convivi com ambos nas labutas da docência das Ciências, o André, como amigo e companheiro competente de pesquisa acadêmica, e o Pablo, primeiramente, como aluno brilhante e, para minha satisfação, agora como colega de profissão. Portanto aos leitores recomendo a leitura atenta e a experimentação das práticas apresentadas, as quais comprovei no ensino da Análise Química.

Paulo Rogério Garcez de Moura

Prof. Dr. em Educação em Ciências/Químico Licenciado

Cruz Alta, abril de 2016.

SUMÁRIO

Unidade III: Compostos Orgânicos e Macromoléculas

Unidade IV: Do Laboratório à Indústria Química

UNIDADE I

TÉCNICAS BÁSICAS DE INSTRUMENTAÇÃO

AEP N.° 01

TÍTULO

Variação da temperatura do gelo triturado e em cubos com sal de cozinha

FUNDAMENTAÇÃO TEÓRICA

No nosso cotidiano, é muito comum usarmos os termos **calor** e **temperatura** como sinônimos, mas cientificamente eles possuem significados diferentes. Calor é a energia transferida de um corpo para outro devido à diferença de temperatura existente entre eles, onde essa energia flui (na forma de calor) do corpo de mais alta temperatura para o de mais baixa. A temperatura mede o grau de agitação das moléculas desse corpo. Assim, quando ocorre uma transferência de calor, o objeto que recebe a energia aumenta a agitação de suas moléculas e, consequentemente, sua temperatura. Essa transferência ocorre até ambos atingirem o equilíbrio térmico, isto é, possuírem a mesma temperatura.

Processos que liberam calor para o meio (vizinhança) são chamados de exotérmicos; como exemplo, temos as reações de combustão. Por outro lado, processos que ocorrem absorvendo calor da vizinhança são conhecidos como endotérmicos, como é o exemplo da ebulição da água.

A eficiência da transferência de energia envolve vários fatores; entre eles, está a superfície de contato dos corpos em estudo, pois uma maior área superficial (**As**) pode liberar (ou receber) maiores quantidades de calor.

Por exemplo, o cubo (A), na Figura 3, apresenta uma área superficial inicial de 24 cm^2, mas quando dividido em partes iguais (B), obtém-

-se oito cubos de 6 cm² cada, gerando assim uma área superficial total (As_{TOTAL}) de 48 cm², logo, dobrando sua área de superfície inicial. Uma nova divisão acarretaria numa área de 96 cm², e assim por diante.

Altas temperaturas são facilmente obtidas usando a queima de combustíveis, porém, para se obter baixas temperaturas, um dos métodos mais simples é adicionar sal de cozinha (cloreto de sódio) ao gelo. Isso se deve ao fato de que o sal em contato com a água (apesar de esta estar na forma de gelo) tende a se dissolver, sendo essa dissolução um processo endotérmico, ou seja, o cloreto de sódio retira calor do gelo ao se dissolver, fazendo com que a temperatura de fusão diminua.

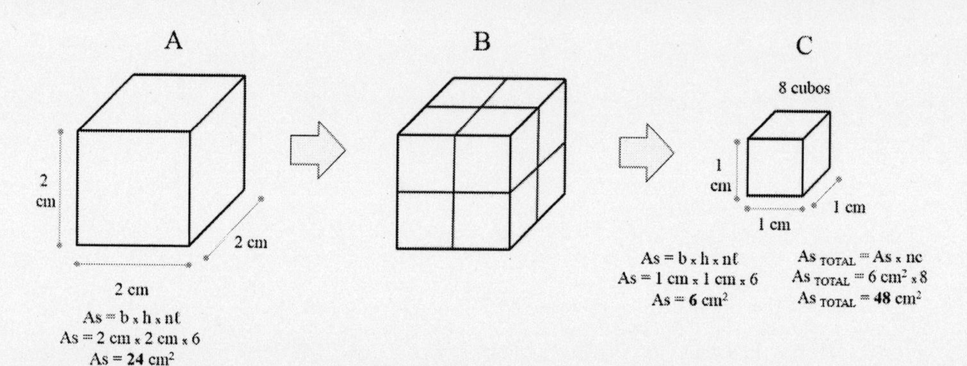

FIGURA 3 – ESQUEMA DO AUMENTO DA ÁREA SUPERFICIAL (**AS**) DE UM CUBO

FONTE: Os autores.

NOTA: **b** é o comprimento da base; **h** a altura; **nℓ** é o n.º de lados do cubo; **nc** é o n.º de cubos e **As_{TOTAL}** é a área superficial total.

MATERIAIS

- Balança analítica;
- béquer;
- espátulas.

REAGENTES

- Água (líquida e sólida);
- cloreto de sódio (NaCl) sólido.

PROBLEMA(S) PROPOSTO(S)

Deseja-se reduzir a temperatura de um sistema utilizando-se, para isso, sal de cozinha e gelo. Sendo assim, como se deverá proceder para que a temperatura apresente uma variação maior ao se utilizar do gelo triturado ou em cubos?

OBJETIVO EXPERIMENTAL

Produzir sistemas constituídos por sal de cozinha e gelo; triturado e em cubos.

DIRETRIZES METODOLÓGICAS

- Adicionar determinado volume de gelo em cubos a um copo de béquer e medir a temperatura inicial do sistema.
- Repetir o procedimento anterior, utilizando o gelo triturado.
- Identificar seis copos de béquer de 1 a 6 e colocar nos n.ºs 1, 2 e 3 gelo triturado, e nos restantes gelo em cubos, em volumes aproximadamente iguais.
- Adicionar a cada um dos béqueres determinada massa de sal de cozinha.
- Medir a temperatura de cada béquer e registrar sua variação na Tabela 1.
- Completar a Tabela 1 com os valores experimentais.

TABELA 1 – VARIAÇÃO DA TEMPERATURA NOS BÉQUERES 1 A 6

béquer	1	2	3	4	5	6
Δ T (°C)						
Tipo de gelo	triturado	triturado	triturado	cubo	cubo	cubo

FONTE: Os autores.

- Com os valores tabelados, elaborar um gráfico, segundo o modelo proposto na Figura 4.

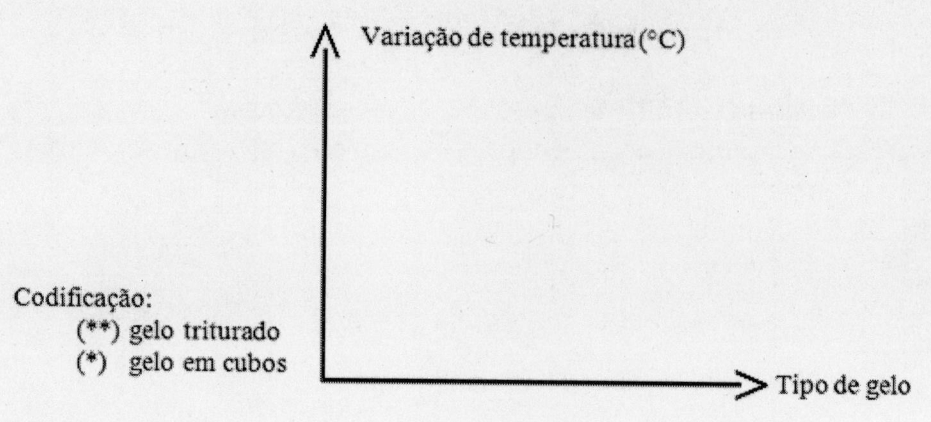

FIGURA 4 – GRÁFICO DA VARIAÇÃO DA TEMPERATURA NOS BÉQUERES 1A 6
FONTE: Os autores.

QUESTÕES SUGERIDAS

1. Qual dos dois tipos de gelo mostrou-se mais eficiente ao reduzir a temperatura de um sistema constituído por sal de cozinha? Qual foi essa variação de temperatura obtida?

2. O que poderia justificar essas observações?

3. Os resultados experimentais coincidiram com as hipóteses?

4. Como se poderia produzir um sistema ainda mais eficiente com esse objetivo, a partir de materiais e reagentes corriqueiros?

REFERÊNCIAS

ATKINS, P.; JONES, L. **Princípios de química**: questionando a vida moderna e o meio ambiente. 5. ed. Porto Alegre: Bookman, 2012. p. 423-424/358-360.

ÇENGEL, Y. A. **Transferência de calor e massa**: uma abordagem prática. 4. ed. Porto Alegre: Bookman, 2012. p. 17-19.

MATEUS, A. L. **Química na cabeça**. Belo Horizonte: Editora UFMG, 2001. p. 28-29.

ATIVIDADE EXPERIMENTAL PROBLEMATIZADA (AEP)

TÉCNICAS BÁSICAS DE INSTRUMENTAÇÃO

AEP N.º 02

TÍTULO

Observação e manipulação do bico de Bunsen

FUNDAMENTAÇÃO TEÓRICA

Desde os tempos mais remotos, o homem vem usando a arte de dominar o fogo para seu benefício, tais como para a iluminação, aquecimento, preparo de alimentos etc.

Antes da invenção da lâmpada elétrica, usavam-se lamparinas como método de iluminação, onde a chama era obtida pela queima de um combustível, a matéria orgânica. Porém, essas mesmas lamparinas produziam grandes quantidades de fuligem, deixando a temperatura da chama relativamente baixa e descartando seu uso em laboratório. Esse inconveniente foi resolvido pelo químico alemão Robert Bunsen (1811–1899), que desenvolveu um sistema onde um gás combustível é misturado com o ar, antes da queima, gerando uma chama mais quente e não apresentando fuligem. Esse aparelho é hoje conhecido por bico de Bunsen.

Essa eficiência se deve ao excesso de gás oxigênio ($O_{2\,(g)}$) presente no ar, fazendo com que ocorra a **combustão** completa do combustível, produzindo apenas gás carbônico ($CO_{2\,(g)}$) e água ($H_2O_{(g)}$). Na medida em que se reduz a quantidade de ar ($O_{2\,(g)}$), a reação oxida parcialmente a matéria orgânica, gerando monóxido de carbono ($CO_{(g)}$) e fuligem ($C_{(s)}$), além dos produtos já mencionados, de acordo com as equações químicas mostradas abaixo, respectivamente, para uma combustão **completa** (I), **semi-completa** (II) e **incompleta** (III).

$$CH_4 + 2O_2 \rightarrow CO_2 + 2H_2O \quad (I)$$
$$CH_4 + 3/2O_2 \rightarrow CO + 2H_2O \quad (II)$$
$$CH_4 + O_2 \rightarrow C + 2H_2O \quad (III)$$

Francis Bacon, em 1960, observou que uma chama de vela possuía uma estrutura definida, conforme descrição abaixo e Figura 5.

a) Zona neutra: região próxima da boca do tubo; nela, não ocorre combustão do gás. É considerada fria se comparada às outras regiões.

b) Zona redutora: fica acima da zona neutra e forma um pequeno "cone"; nela, inicia-se a combustão do gás. A temperatura é bem inferior à da zona oxidante.

c) Zona oxidante: compreende toda a região acima e ao redor da zona redutora; nela, a combustão do gás é completa. É muito quente: a sua temperatura pode chegar a 1100 °C.

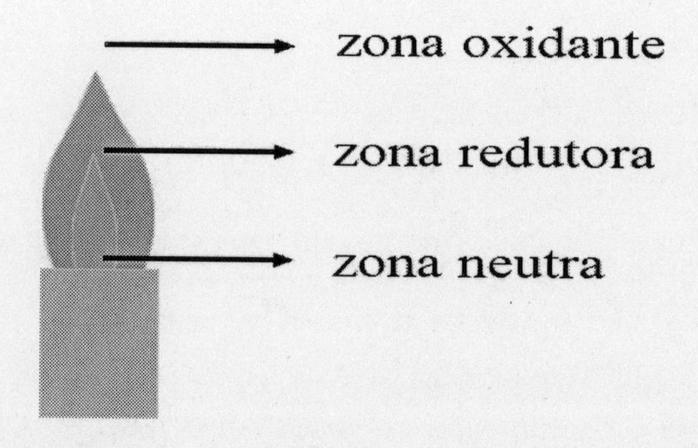

FIGURA 5 - EXEMPLIFICAÇÃO DA ESTRUTURA DE UMA CHAMA
FONTE: Os autores.

MATERIAIS

- Bico de Bunsen;
- cápsula de porcelana;
- fósforos de segurança;
- pinça metálica.

REAGENTES

- Nenhum reagente é necessário.

PROBLEMA(S) PROPOSTO(S)

Uma combustão frequentemente gera substâncias químicas inadequadas a um sistema que possa ser considerado limpo, como o monóxido de carbono (CO) e o carbono em sua forma alotrópica de carvão (C). Assim, um queimador típico de laboratório de Química, conhecido como bico de Bunsen, pode ser considerado um equipamento capaz de produzir uma combustão "limpa"? Justifique.

OBJETIVO EXPERIMENTAL

Manusear o bico de Bunsen.

DIRETRIZES METODOLÓGICAS

- 1° parte: observando e descrevendo o bico de Bunsen.

- Observando o bico de Bunsen, você poderá verificar que ele é constituído de três partes: base, anel e tubo. Entre a base e o tubo, há um anel de encaixe no qual existem dois orifícios ou janelas. No tubo, encontram-se outras janelas. A entrada de ar ocorre por meio das janelas emparelhadas. Quando elas estão justapostas, dizemos que estão abertas; quando o anel cobre totalmente a janela do tubo, dizemos que estão fechadas (Figura 6).

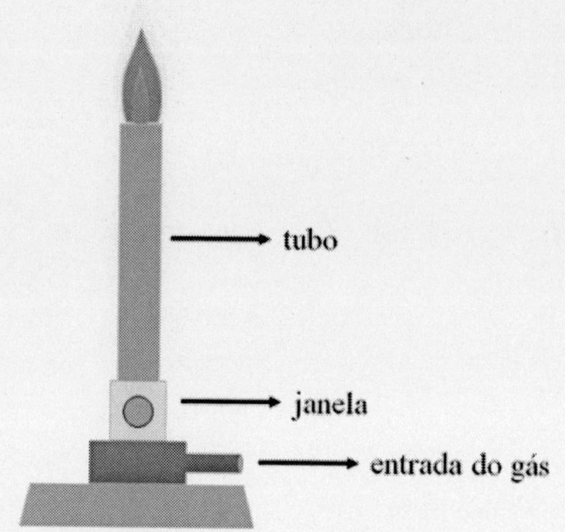

FIGURA 6 – EXEMPLO DE UM BICO DE BUNSEN
FONTE: Os autores.

- 2° parte: observando a chama do bico de Bunsen.

- Verificar se as janelas do anel estão fechadas: o bico de Bunsen deve ser aceso com as janelas fechadas para evitar que a chama se recolha para o interior do tubo.

- Segurar um fósforo um pouco acima e ao lado da extremidade do tubo.

- Abrir o registro, observar e descrever a chama produzida (combustão incompleta).

- Passar uma cápsula de porcelana sobre a chama. Anotar os resultados.

- Controlar a quantidade de gás com o registro e girar o anel gradativamente até abrir por completo as janelas do bico de Bunsen.

- Anotar as modificações ocorridas na chama (combustão completa).

- Passar outra cápsula de porcelana sobre a chama. Anotar os resultados.

- 3° parte: identificando as regiões da chama.

- Percorrer a zona oxidante (Figura 5) com a ponta de um palito de fósforo usado, observando o que acontece. Anotar os resultados.

- Repetir a experiência deslocando o fósforo para a zona redutora. Observar e anotar.

- Colocar o palito horizontalmente de forma que ele atravesse as zonas oxidante e redutora ao mesmo tempo. Observar e anotar.

QUESTÕES SUGERIDAS

1. Organizar os resultados experimentais obtidos em uma tabela.

2. Relacionar esses resultados aos aspectos teóricos envolvidos nas diferentes formas de combustão.

3. Por que se deve acender o bico de Bunsen com suas janelas fechadas?

4. Qual é a cor da chama quando: (a) as janelas do bico de Bunsen estão fechadas?; (b) a combustão do gás é completa?

5. Como é possível verificar se a combustão do gás é incompleta ao se utilizar o bico de Bunsen?

6. Considerando-se a chama obtida com as janelas do bico de Bunsen abertas: (a) por que é considerada fria a região próxima da boca do tubo?; (b) por que a zona oxidante é muito quente?

REFERÊNCIAS

FELTRE, R. **Química**: Química orgânica. v. 3, 6. ed., São Paulo: Moderna, 2004. p. 41-42.

GRACETTO, A. C.; HIOKA, N.; FILHO, O. S. Combustão, chamas e teste de chama para cátions: Proposta de experimento. **Química Nova na Escola**, v. 23, 2006. p. 43-48.

AEP N.° 03

TÍTULO

Medição de massa e de volume

FUNDAMENTAÇÃO TEÓRICA

Massa e volume são termos muito usados no nosso cotidiano. Por exemplo, quando falamos em 2 litros de água, estamos evidenciando o volume de água presente em um determinado recipiente. Quando vamos ao supermercado e compramos 1 kg de arroz, estamos nos referindo à massa do arroz.

Peso e **massa** são muitas vezes usados como sinônimos, mas possuem significados diferentes. A massa de um objeto é a medida da quantidade de matéria que ele apresenta, enquanto que o seu peso é a medida da ação da gravidade sobre ele. Assim, peso e massa são proporcionais, porém, não idênticos. Por exemplo, um astronauta apresentará a mesma massa (quantidade de matéria) aqui na Terra e na lua, mas terá pesos diferentes. A unidade de massa no sistema internacional de unidades (SI) é o kg (kilograma ou quilograma), na qual 1 kg é equivalente a 1000 g.

Por sua vez, o **volume** quantifica o espaço ocupado por uma substância, podendo ela ser sólida, líquida ou gasosa. Sua unidade no SI é o m^3 (metro cúbico), mas no dia a dia utilizamos também o litro (L) e o mililitro (mL), no qual 1 m^3 equivale a 1000 L e 1 L a 1000 mL.

MATERIAIS

- Balança;
- béquer;
- bolinha de gude;
- borracha escolar;
- fragmento metálico;
- pedra;
- proveta.

REAGENTES

- Água potável.

PROBLEMA(S) PROPOSTO(S)

Ao nos referirmos à massa e ao volume de um material, estamos tratando dos mesmos conceitos? Caso a resposta a essa questão seja negativa, como podemos verificar empiricamente tratar-se de conceitos distintos?

OBJETIVO EXPERIMENTAL

Manusear adequadamente a balança analítica para a medição da massa e a proveta para a medição do volume.

DIRETRIZES METODOLÓGICAS

- 1ª parte: selecionando os materiais.

- Estabelecer e medir um pequeno volume de água.

- Separar uma borracha escolar, uma pequena pedra, um pequeno fragmento metálico e uma bolinha de gude.

- Outros objetos similares podem também ser utilizados.

- 2ª parte: medindo as massas.

- Utilizar preferencialmente uma balança analítica.

- Ligar a balança e zerá-la (função tare).

- Colocar o objeto de que se deseja medir a massa no centro do prato.

- Esperar estabilizar. Verificar e anotar a massa do objeto.

- A medida da massa de água deve ser feita em recipientes adequados. Para determiná-la, verificar antes a massa do recipiente vazio (no caso, um copo de béquer). Colocar certa quantidade de água no recipiente e determinar sua massa com a água.

- Por diferença entre as medidas, determinar a massa da água.

- 3ª parte: medindo os volumes.

- Transferir a água utilizada na segunda parte do procedimento para uma proveta.

- Fazer a leitura do volume de água.

- A medida do volume dos sólidos utilizados na segunda parte do procedimento pode ser determinada indiretamente. Para isso, mergulhar o sólido na proveta com água e ler o volume. A diferença de volumes corresponde ao volume do sólido.

QUESTÕES SUGERIDAS

1. Organizar os resultados obtidos experimentalmente em uma tabela.

2. Os objetos utilizados possuem maior massa ou maior volume? No que isso se relaciona ao conceito de densidade?

3. Qual é o peso dos objetos utilizados?

4. Por que um astronauta pesa menos na lua do que na Terra? Qual seria o seu peso medido na lua, supondo que sua massa seja 70 kg?

5. Para medição de 7,2 mL de um líquido, seria recomendada a utilização de uma proveta de 10 mL, 50 mL ou 100 mL? Por quê?

6. Qual procedimento você utilizaria para medir a massa de um líquido que evapora com facilidade (volátil)?

REFERÊNCIAS

ATKINS, P.; JONES, L. **Princípios de química**: questionando a vida moderna e o meio ambiente. 5. ed. Porto Alegre: Bookman, 2012. p. 39-40.

AEP N.° 04

TÍTULO

Observação e desdobramento de misturas

FUNDAMENTAÇÃO TEÓRICA

Todo o mundo que conhecemos é composto apenas pelos elementos químicos da tabela periódica e suas combinações, gerando uma grande variedade de compostos, que podem ser moléculas (grupo definido e eletricamente neutro de átomos) ou íons (átomo ou um grupo destes que possuem carga elétrica positiva ou negativa). Estes podem apresentar-se na sua forma pura, na qual somente existe uma substância, caracterizando um sistema onde os pontos de fusão e de ebulição possuem uma temperatura definida e constante. Em sistemas onde se observa que a temperatura de fusão e/ou ebulição varia(m), pode-se dizer que há mais de uma substância componente, isto é, elas estão misturadas uma com as outras, formando assim **misturas**. Baseado nisso, é possível distinguir um composto de uma mistura a partir de técnicas físicas de separação, nas quais as misturas podem ser separadas e os compostos não (porque já estão na sua forma pura).

Sistemas podem ser caracterizados como sendo um conjunto de espécies isoladas em estudo. Eles podem ser classificados de acordo com sua aparência, isto é, se visualizarmos um sistema composto, por exemplo, por água e sal de cozinha dissolvido, ele apresentará apenas uma fase (porção visualmente uniforme), caracterizando um sistema **homogêneo**. Por sua vez, se tivermos um copo com água e óleo, visualizaremos a presença de duas fases, demonstrando tratar-se de um sistema **heterogêneo**. Sistemas heterogêneos podem ter duas ou mais fases, enquanto os homogêneos apenas uma, sendo algumas vezes chamados de soluções.

Além disso, algumas misturas podem ser **eutéticas** (possuem ponto de fusão constante e ponto de ebulição variável) ou **azeotrópicas** (possuem ponto de fusão variável e ponto de ebulição constante), dependo dos seus constituintes.

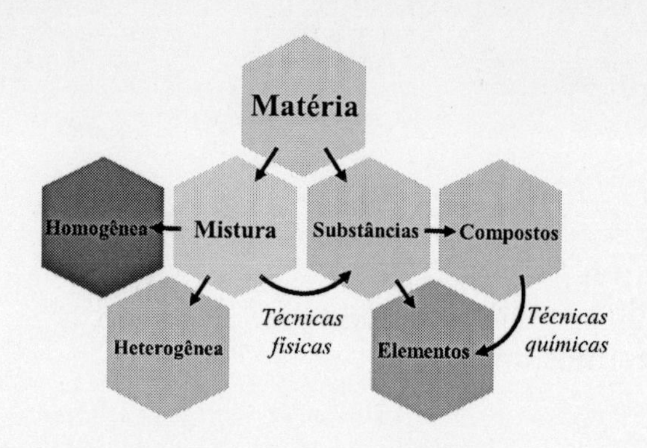

FIGURA 7 – ESQUEMA DA CLASSIFICAÇÃO DA MATÉRIA
FONTE: Adaptado de Atkins (2012).

Na Figura 7, podemos ver um esquema que ilustra as classificações da matéria, ao a tratarmos como uma mistura ou como uma substância. Estas, por sua vez, podem ser definidas como compostos ou elementos.

MATERIAIS

- Bastão de vidro;
- béqueres;
- espátulas;
- funil de vidro e de separação;
- papel-filtro;
- provetas de 10 mL;
- suporte universal e aro de metal;
- tubos de ensaio e respectivas estantes;
- vidros de relógio.

REAGENTES

- Água destilada;
- álcool comum (etanol);
- cloreto de sódio (NaCl) sólido;
- enxofre (S_8) pulverizado;
- gasolina;
- gelo;
- grafite (C) pulverizado;
- ferro (Fe) em raspas ou limalha;
- óleo de soja;
- sacarose sólida.

PROBLEMA(S) PROPOSTO(S)

Uma mistura pode ser constituída por uma, duas ou mais fases, dependendo, entre outros fatores, do número de substâncias constituintes. Para sua caracterização, algumas classificações são necessárias, sendo as mais comuns as denominações de mistura homogênea (ao visualizarmos uma única fase) e de mistura heterogênea (ao distinguirmos duas ou mais fases). Além dessas classificações, operações laboratoriais capazes de isolar os componentes de misturas heterogêneas são de fundamental importância em variados momentos. Por exemplo, quais podemos citar?

OBJETIVO EXPERIMENTAL

Compor sistemas a partir de diferentes associações entre substâncias químicas e reconhecer alguns métodos simples de separação de misturas.

DIRETRIZES METODOLÓGICAS

- 1ª parte: preparação de uma mistura homogênea.

- Juntar aproximadamente 2 mL de água com 2 mL de álcool comum em um tubo de ensaio. Esse preparado é uma mistura. Verificar seu aspecto.

- Notar que é impossível distinguir os componentes: há uma única fase. Essa mistura é homogênea.

- 2ª parte: preparação de uma mistura heterogênea.

- Juntar aproximadamente 2 mL de água com 2 mL de óleo em um tubo de ensaio. Esse preparado é uma mistura. Verificar seu aspecto.

- Notar que é possível distinguir os componentes: há duas fases. Essa mistura é heterogênea.

- 3ª parte: identificando sistemas.

- Misturar as substâncias discriminadas no Quadro 1, utilizando, em cada caso, 2 mL do componente líquido e 0,5 g do componente sólido.

sistemas			
1	água + gelo	5	água + enxofre
2	água + sal	6	água + açúcar
3	água + gasolina	7	álcool + gasolina
4	sal + grafite	8	ferro + enxofre

QUADRO 1 – SISTEMAS PROPOSTOS PARA IDENTIFICAÇÃO DE MISTURAS
FONTE: Os autores.

- Observar e identificar quais sistemas representam misturas homogêneas e quais representam misturas heterogêneas.

- 4ª parte: filtração simples (mistura entre água e enxofre pulverizado).

- Misturar, num béquer, 20 mL de água e uma pequena quantidade de enxofre.

- Agitar a mistura com um bastão de vidro.

- Observar o aspecto da mistura.

- Filtrar o sistema gravitacionalmente.

- 5ª parte: decantação (mistura entre água e óleo).

- Adicionar a um funil de separação 10 mL de água e 10 mL de óleo.

- Fechar o funil e agitá-lo levemente.

- Colocar esse funil de separação apoiado em um aro de metal fixo a um suporte universal.

- Observar seu aspecto. Abri-lo e esperar até que o óleo se separe da água.

- Abrir cuidadosamente a torneira do funil, deixando escoar a fase inferior da mistura em um béquer, isto é, decantar o líquido da fase inferior.

- Quando a interface de separação se aproximar da torneira, fechá-la.

QUESTÕES SUGERIDAS

1. Na filtração simples, qual é o aspecto da mistura inicial? E qual é o aspecto do líquido após a filtração?

2. No funil de separação, qual é o líquido que ocupa a parte inferior? Por quê?

3. Esses dois métodos de separação podem ser aplicados no desdobramento (ou separação) de misturas homogêneas? Por quê?

4. Caso a resposta da questão anterior seja negativa, pesquisar: (a) em que consiste a destilação?; (b) que tipo de mistura pode ter seus componentes separados por esse método laboratorial?; (c) em que consiste a destilação a vácuo e em que situações pode ser utilizada?

5. Que métodos de desdobramento você usaria para separar os componentes de uma mistura composta por água, enxofre, cloreto de sódio e óleo?

6. O tratamento de água para uso doméstico (potabilidade da água) utiliza algum processo de fracionamento de misturas? Qual(is)?

REFERÊNCIAS

ATKINS, P.; JONES, L. **Princípios de química**: questionando a vida moderna e o meio ambiente. 5. ed. Porto Alegre: Bookman, 2012. p. 22-25/51-54.

PERUZZO, T. M.; CANTO, E. L. **Química**: volume único. 2. ed. São Paulo: Moderna, 2003. p. 7-14.

AEP N.° 05

TÍTULO

Propriedades físicas de líquidos

FUNDAMENTAÇÃO TEÓRICA

Tudo a nossa volta é formado por **matéria**, desde as águas dos rios, do ar que respiramos e dos veículos em que andamos. Assim, podemos dizer que a matéria é tudo que tem massa e ocupa lugar no espaço, podendo estar no estado **sólido, líquido** ou **gasoso**. Os estados físicos da matéria se diferem principalmente devido à sua forma. De acordo com a Figura 8, observamos que os sólidos possuem uma estrutura rígida e definida, ao passo que nos líquidos, as moléculas possuem maior grau de liberdade, podendo mover-se, porém, dentro de uma determinada faixa. No estado gasoso, as partículas constituintes movem-se livremente e aleatoriamente.

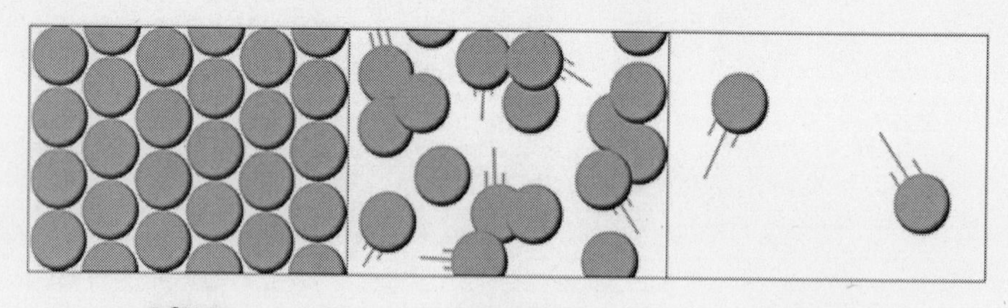

FIGURA 8 – REPRESENTAÇÃO DA AGREGAÇÃO DA MATÉRIA NOS SEUS DIFERENTES ESTADOS FÍSICOS

FONTE: Os autores.

Observando-se os líquidos, percebe-se que eles podem ser miscíveis ou imiscíveis entre si, dependendo de qual substância é adicionada à outra, como é o caso do etanol + água, e do benzeno + água (Figura 9). Esse fenômeno é explicado, entre outros fatores, pela polaridade dos líquidos utilizados, onde solventes polares dissolvem-se em polares, e apolares se misturam homogeneamente com apolares.

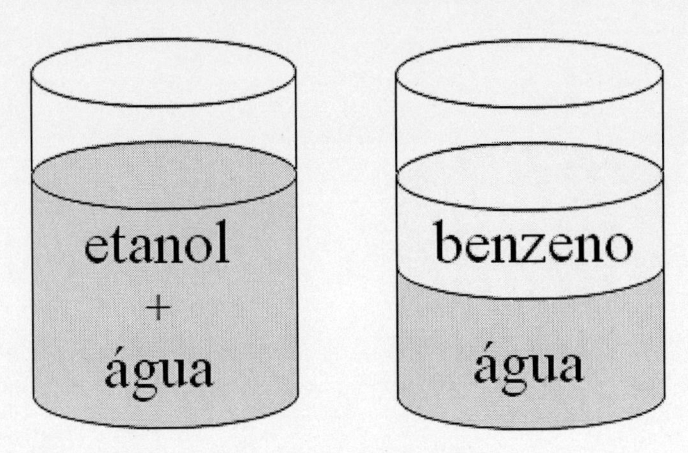

FIGURA 9 – EXEMPLO DE MISTURAS MISCÍVEIS E IMISCÍVEIS
FONTE: Os autores.

Figura 4

A **polaridade** está relacionada à estrutura química das moléculas. Por exemplo, ao analisarmos a fórmula da água (H_2O) e do gás carbônico (CO_2), percebemos que ambas as moléculas possuem o elemento oxigênio (O), o qual é bem eletronegativo, gerando uma carga parcial negativa sobre ele. Mas destas, somente água é **polar**. Isso se deve à forma tridimensional dos compostos. O CO_2 é **apolar** porque sua estrutura é linear (ângulo de ligação de 180°), e os dipolos elétricos gerados são anulados um pelo outro, não formando assim "polos" na molécula, ou seja, seu momento de dipolo é zero. A molécula de água possui uma geometria angular (ângulo de ligação de 104,5°), conferindo assim que seus dipolos não se cancelem, e criando na molécula cargas parciais positivas e negativas (momento de dipolo diferente de zero característico de substâncias polares). Por sua vez, o benzeno, que é um solvente orgânico muito utilizado no laboratório e na indústria química, é apolar porque seus dipolos se cancelam, assim como no caso do CO_2. A Figura 10 ilustra o exposto.

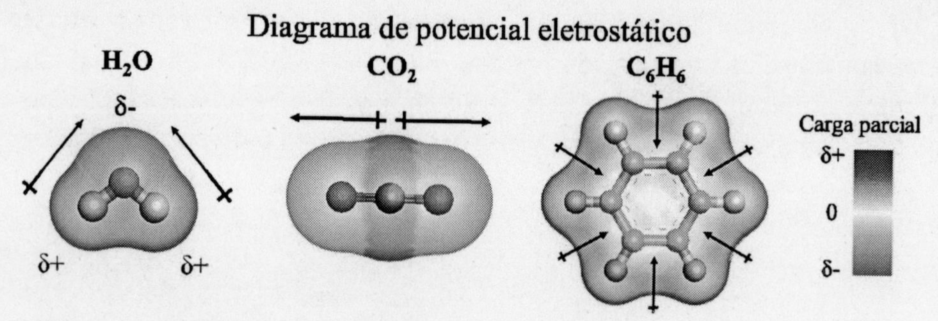

FIGURA 10 – REPRESENTAÇÃO DOS DIPOLOS ELÉTRICOS E DIAGRAMA DE POTENCIAL ELETROSTÁTICO DA ÁGUA, GÁS CARBÔNICO E BENZENO

FONTE: Os autores.

Esse fenômeno possui grandes efeitos no ponto de ebulição (PE) dos compostos. Por exemplo, o CO_2 é um gás à temperatura e pressão ambientes, por outro lado, a água é liquida e possui PE de 100°C em condições normais de temperatura e pressão (CNTP). Isso ocorre por conta da capacidade da água em formar ligações de hidrogênio com outras moléculas iguais a ela, devido a seu momento de dipolo, como se observa na Figura 11.

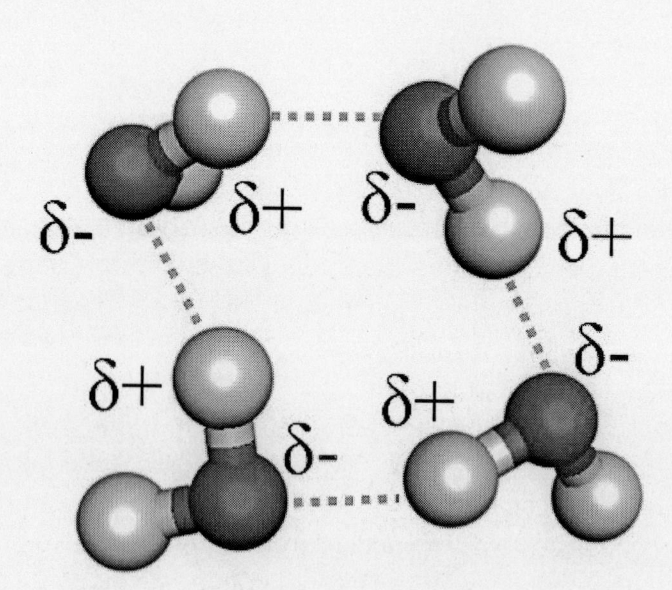

FIGURA 11 – LIGAÇÕES DE HIDROGÊNIO NA MOLÉCULA DE ÁGUA

FONTE: Os autores.

A ligação de hidrogênio é uma interação intermolecular relativamente forte, que ocorre somente quando átomos de hidrogênio estão ligados a elementos muito eletronegativos, tais como o nitrogênio, o oxigênio e o flúor. São representados por Y-H···Y, no qual Y= N, O, F.

No exemplo benzeno + água, observamos que os mesmos não se misturam devido a suas polaridades, mas por que o benzeno fica na parte superior e a água na parte inferior do sistema? Isso ocorre porque suas densidades são diferentes, sendo a do benzeno de 0,88 g/mL e da água 1,0 g/mL. A **densidade** (ρ) de uma substância consiste na razão entre sua massa (m) e seu volume (v), sendo uma propriedade intensiva, porque ao se aumentar a massa, está-se aumentando também o volume, isto é, o seu valor independe de sua massa. Além disso, pode-se utilizar do valor da densidade para calcular a massa de determinado volume de líquido, sem a necessidade de dispor-se de uma balança, apenas conhecendo seu volume.

MATERIAIS

- Balança analítica;
- béquer;
- chapa de aquecimento;
- kit tripé, tela de amianto e bico de Bunsen;
- proveta;
- termômetro;
- tubos de ensaio e respectivas grades.

REAGENTES

- Acetona;
- cloreto de sódio (NaCl) em solução aquosa;
- nitrato de prata ($AgNO_3$) em solução aquosa.
- éter;
- hexano;

PROBLEMA(S) PROPOSTO(S)

As propriedades físicas de um líquido são fundamentais para sua identificação a partir de determinados critérios. Sendo assim, como poderíamos satisfatoriamente identificar, com segurança, a água, o óleo de soja, o etanol e outro determinado solvente orgânico sem se utilizar de suas propriedades organolépticas?

OBJETIVO EXPERIMENTAL

Determinar o ponto de ebulição, a densidade e a polaridade de solventes e de soluções de uso corriqueiro em laboratório de química.

DIRETRIZES METODOLÓGICAS

- 1ª parte: verificando o ponto de ebulição.

- Montar um sistema para aquecimento de solventes ou de soluções em copo de béquer, sob imersão (banho-maria).

- Aquecer, separadamente, dois volumes distintos (25 mL e 40 mL) de cada uma das substâncias até ebulição (com exceção da água e das soluções salinas, realizar aquecimento em capela; no caso de solventes voláteis, realizar aquecimento sobre chapa de aquecimento).

- Anotar as temperaturas (PE) e realizar a média dos valores.

- 2ª parte: verificando a densidade.

- Verificar a massa de dois copos de béquer pequenos (50 mL).

- Separar dois volumes distintos (25 mL e 40 mL) de cada solvente ou solução e adicioná-la aos béqueres cuja massa foi medida anteriormente.

- Por diferença entre massas, determinar a massa dos líquidos.

- Operar o quociente entre massa e volume do líquido.

- Realizar a média dos valores, chegando **à** densidade para cada líquido.

- 3ª parte: verificando a polaridade.

- Adicionar a 1 mL de cada solvente ou solução uma gota de reagente polar, em um tubo de ensaio. Observar e anotar o resultado obtido.

- Repetir o item anterior, utilizando reagente apolar. Observar e anotar o resultado obtido.

- Pela regra "semelhante dissolve semelhante", determinar qualitativamente a polaridade dos solventes e das soluções.

QUESTÕES SUGERIDAS

1. Montar uma tabela de valores apresentando os resultados obtidos nos procedimentos.

2. Relacionar PE e densidade entre solvente puro (H_2O) e as soluções aquosas salinas.

3. Que critério pode ser adotado na determinação da polaridade das substâncias testadas? Esse critério é válido indiscriminadamente?

4. De acordo com o PE, seu valor é dependente da pressão atmosférica? Explique.

5. Supondo que a densidade de um álcool seja 0,78 g/mL, determine a massa de 1 L deste.

6. A densidade de uma solução salina é 1,65 g/mL, qual é a massa de 500 mL dessa solução?

7. Qual é a massa de 1 L de água destilada em CNTP? E 1 L das soluções salinas utilizadas?

8. O mercúrio possui densidade igual a 13,4 g/mL. Que volume ocupam 6,8 Kg de mercúrio?

REFERÊNCIAS

ATKINS, P.; JONES, L. **Princípios de química**: questionando a vida moderna e o meio ambiente. 5. ed. Porto Alegre: Bookman, 2012. p. 5-6/101-102/174-179.

ATIVIDADE EXPERIMENTAL PROBLEMATIZADA (AEP)

AEP N.° 06

TÍTULO

Coeficiente de solubilidade

FUNDAMENTAÇÃO TEÓRICA

Ao misturarmos duas substâncias e obtermos uma única fase, teremos uma **solução**, ou seja, uma mistura homogênea, podendo esta ser sólida, líquida ou gasosa. O **soluto**, a substância em menor quantidade, será dissolvida pelo **solvente**, em maior quantidade. Normalmente, o solvente determina o estado físico da solução.

A dissolução ocorre, entre outros fatores, de acordo com a polaridade das substâncias em uso; assim, o cloreto de sódio, $NaCl_{(s)}$, é solúvel em água, e o enxofre, $S_{8(s)}$, em tolueno, e não vice-versa.

Porém, a solubilidade de determinada substância é limitada, isto é, ela dependerá da quantidade do soluto e do solvente, além da temperatura e pressão do sistema, podendo ser ela classificada de acordo com a quantidade de soluto presente.

As **soluções diluídas** são as que possuem uma pequena quantidade de soluto em relação à quantidade do solvente, enquanto que as **soluções concentradas** possuem grande quantidade de soluto em relação à de solvente. Quando uma substância atinge sua quantidade máxima que pode ser dissolvida em uma determinada quantidade de solvente, diz-se tratar-se de uma **solução saturada**, ou seja, aquela que atingiu sua solubilidade máxima, sendo esse valor usado como o seu coeficiente de solubilidade (CS), quando o solvente em questão é a água.

Além disso, podemos obter uma solução que supera o valor do CS, em condições especiais, dependendo da substância em estudo, mas necessita-se para isso de aquecimento. Elas são denominadas **soluções supersaturadas**.

MATERIAIS

- Balança analítica;
- béqueres de 250 mL;
- kit tripé, tela de amianto e bico de Bunsen;
- pera de sucção;
- pinças de madeira;
- pipeta de 10 mL;
- pisseta;
- termômetro;
- tubos de ensaio;
- vidros de relógio.

REAGENTES

- Água potável sólida e líquida;
- dicromato de potássio ($K_2Cr_2O_7$) sólido.
- cloreto de sódio (NaCl) sólido;

PROBLEMA(S) PROPOSTO(S)

Para solubilização de uma substância química, há necessidade de utilização de um solvente apropriado, o qual dissolverá o soluto e dará origem a uma solução. Entretanto, há sempre um limite de massa desse soluto capaz de ser solubilizada. Esse limite é variável com a temperatura? De que forma?

OBJETIVO EXPERIMENTAL

Variar a temperatura de um sistema na solubilização de diferentes massas de dicromato de potássio e preparar uma solução supersaturada de cloreto de sódio.

- 1ª parte: trabalhando com o CS.

- Determinar a massa de um vidro de relógio e anotar.

- Reservar uma porção de 1,2 g de $K_2Cr_2O_7$; para isso, utilizar o vidro de relógio cuja massa é conhecida para que se possam aferir os resultados.

- Com auxílio da pipeta, colocar 12 mL de água em um dos tubos de ensaio.

- Adicionar a esse tubo o sal reservado, tomando cuidado para não desprezar resíduos que eventualmente possam ficar aderidos ao vidro de relógio. Para isso, usar o mínimo possível da água da pisseta para removê-los e depositá-los no tubo.

- Colocar água até a metade da capacidade de um béquer.

- Adicionar gelo ao béquer e colocar o termômetro.

- Com o auxílio da pinça de madeira, deixar o tubo com a parte preenchida imersa na água gelada e aguardar.

- Determinar a massa de um segundo vidro de relógio.

- Reservar uma porção de 2,4 g de $K_2Cr_2O_7$; para isso, usar o vidro de relógio cuja massa foi determinada para que se possam aferir os resultados.

- Com auxílio da pipeta, colocar 12 mL de água em um dos tubos de ensaio.

- Adicionar a esse tubo o sal reservado, tomando cuidado para não desprezar resíduos que eventualmente possam ficar aderidos ao vidro de relógio.

- Colocar água até a metade da capacidade de um béquer.

- Inserir o termômetro ao béquer.

- Com auxílio da pinça de madeira, deixar o tubo com a parte preenchida imersa na água e colocar o sistema em aquecimento, sob banho-maria. A água no interior do béquer poderá ou não chegar à ebulição.

- Após 5 minutos, observar os dois sistemas e compará-los.

- 2ª parte: preparando uma solução supersaturada de NaCl.

- Utilizando um volume de 50 mL de água, preparar uma solução saturada de NaCl (fazer o cálculo da massa do soluto e adicioná-la aos poucos, sob agitação, ao solvente).

- Anotar a temperatura do sistema.

- Adicionar ao sistema 1 g do mesmo soluto, formando assim um sistema bifásico.

- Aquecer o sistema, sob agitação, até solubilização de todo soluto. Anotar a temperatura.

- Resfriar espontaneamente o sistema, observando e anotando o ocorrido.

- Agitar o sistema supersaturado com um bastão de vidro. Observar.

- Caso necessário, repetir esse procedimento, realizando alterações necessárias.

QUESTÕES SUGERIDAS

1. Como uma solução pode ser classificada quanto à proporção entre soluto e solvente?

2. Na primeira parte do experimento, o que se pôde observar no interior dos tubos após o tempo de espera?

3. Como se denomina uma solução em que o aumento da temperatura favorece a solubilidade?

4. Como se denomina uma solução em que a redução da temperatura favorece a solubilidade?

5. Foi possível a preparação da solução supersaturada de NaCl? Por quê?

6. O que deverá acontecer ao aquecermos uma solução aquosa saturada de $K_2Cr_2O_7$ que apresenta uma pequena quantidade de cristais como corpo de fundo? Por quê?

7. Supondo que o CS de determinado soluto seja igual a 20 g para cada 100 mL de água em CNTP, calcule o volume mínimo de solvente para solubilizar 4 g desse soluto.

8. O CS de determinado soluto é 12 g por 100 g de água em CNTP. Determinar: (a) o volume de água capaz de solubilizar 45 g desse soluto; (b) a massa de solução do item anterior e (c) a massa desse soluto passível de ser solubilizada em 250 mL de solvente.

REFERÊNCIAS

ATKINS, P.; JONES, L. **Princípios de química**: questionando a vida moderna e o meio ambiente. 5. ed. Porto Alegre: Bookman, 2012. p. 344-346.

PERUZZO, T. M.; CANTO, E. L. **Química**: volume único. 2. ed. São Paulo: Moderna, 2003. p. 135-137.

AEP N.° 07

TÍTULO

Separação de misturas heterogêneas: filtração gravitacional, centrifugação e decantação

FUNDAMENTAÇÃO TEÓRICA

Como foi visto (AEP nº 4), as misturas podem ser separadas por técnicas físicas, por meio das diferenças de características entre seus componentes. A escolha do método de separação dependerá principalmente:

(a) do tipo de mistura (sólida, líquida, homogênea, heterogênea etc.);

(b) dos materiais utilizados;

(c) do tempo e custo disposto à separação.

As principais técnicas empregadas para uma separação são: filtração, cromatografia, decantação e destilação.

Uma **filtração**, utilizada para misturas heterogêneas, principalmente do tipo sólido-líquido, baseia-se na diferença de solubilidade entre seus componentes. O componente insolúvel, ao passar por um filtro, ficará retido, e a parte solúvel passará por ele juntamente com o solvente.

Com relação à **cromatografia**, há vários tipos, porém, todos seguem o mesmo princípio, no qual a mistura irá interagir com uma fase estacionária e outra móvel (solvente extrator), sendo os componentes separados devido à diferença de polaridade entre as fases. Assim, no caso de separação em que se utiliza uma fase estacionária apolar e uma fase móvel menos apolar, os constituintes mais apolares ficarão retidos na fase estacionária, enquanto que os menos apolares interagirão com o solvente (fase móvel).

Uma **decantação**, muito utilizada para separação de componentes em misturas heterogêneas do tipo sólido-líquido e líquido-líquido, baseia-se na diferença de densidade e solubilidade desses componentes, no qual um líquido flutua sobre o outro, ou sobre um sólido, podendo ser separado.

Uma **destilação**, muito utilizada em misturas homogêneas do tipo sólido-líquido e líquido-líquido, baseia-se nas diferenças de pontos de ebulição entre seus componentes, no qual o componente mais volátil vaporiza primeiro, sendo condensado em um tubo resfriado (condensador) e então coletado.

Na primeira parte desse procedimento, será utilizada a técnica da filtração comum, ou filtração gravitacional. Usa-se essa técnica para separar misturas heterogêneas de natureza sólido-líquido ou sólido-gás. A mistura deve passar através de um filtro, que se trata de uma superfície porosa. As partículas maiores que os poros do filtro ficam retidas nele, enquanto que as menores o atravessam. Os filtros de papel mais comuns são feitos de fibras intercaladas e se comportam como uma peneira. Desse modo, a filtração só poderá ser utilizada quando as partículas sólidas forem maiores que os poros do filtro (Figura 12).

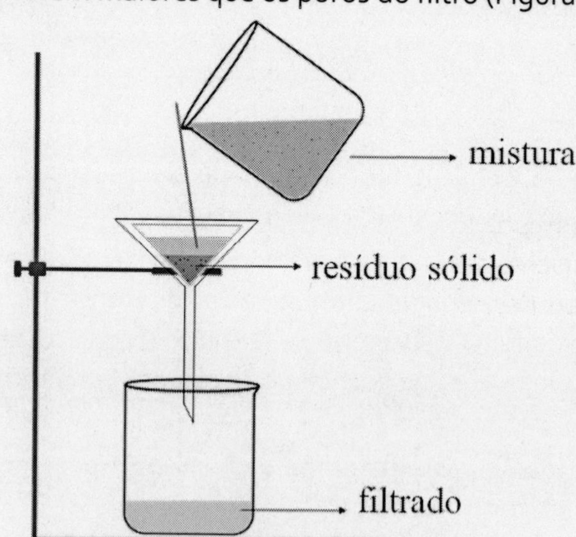

FIGURA 12 – FILTRAÇÃO COMUM DE UMA MISTURA SÓLIDO-LÍQUIDO
FONTE: Os autores.

Na segunda parte desse procedimento, será utilizada a técnica da centrifugação. Esta consiste no processo físico de separação de misturas de sólido mais líquido ou de líquido mais líquido, de densidades diferentes. Caso a sedimentação da mistura heterogênea seja muito lenta, pode ser apressada por centrifugação. Tal técnica é realizada em aparelhos chamados centrífugas. Neles, a mistura gira a uma grande velocidade, e o material mais denso, por inércia, é depositado no fundo do recipiente, conforme pode ser observado na Figura 13.

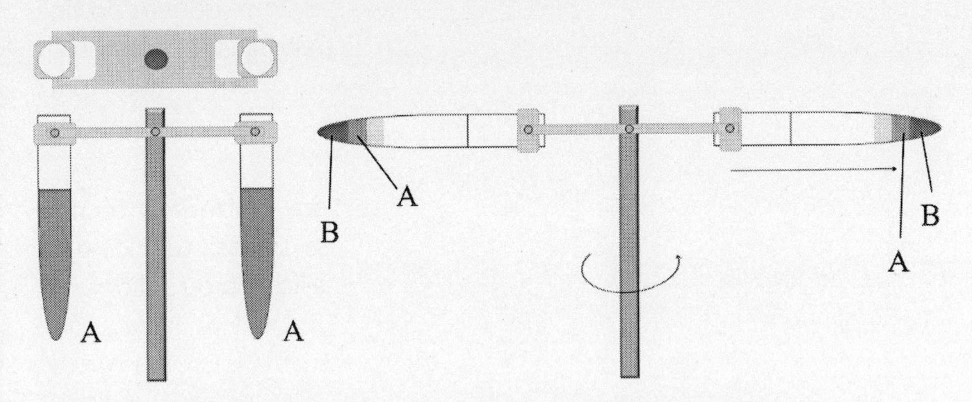

FIGURA 13 – REPRESENTAÇÃO DO FUNCIONAMENTO DE UMA CENTRÍFUGA

FONTE: Os autores.

NOTA: Inicialmente (à esquerda), temos a centrífuga parada, contendo uma mistura (em rosa, A). Ao girar (à direita), inicia-se a decantação do componente mais denso (em vermelho, B, e rosa, A).

Na terceira parte desse procedimento, será proposta uma decantação. Trata-se de uma técnica usada para separar os componentes de uma mistura heterogênea constituída fundamentalmente por líquidos imiscíveis. Quando uma mistura apresenta duas ou mais fases, a fase mais densa, pela ação da gravidade, forma a fase inferior, enquanto que a menos densa ocupa a fase superior, conforme mostra a Figura 14 a seguir.

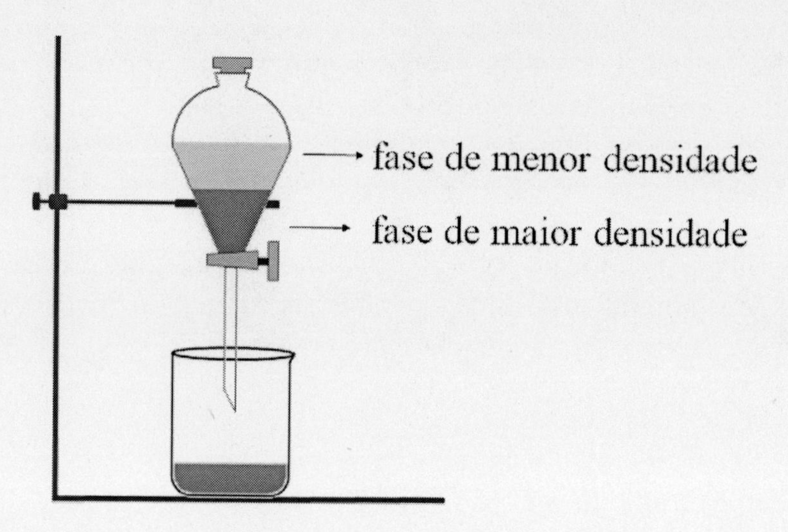

FIGURA 14 – EXEMPLO DE UM SISTEMA DE DECANTAÇÃO
FONTE: Os autores.

MATERIAIS

- Balança analítica;
- bastão de vidro;
- béqueres de 50 mL e 100 mL;
- funil de decantação;
- funil de vidro;
- garra para funil;
- papel filtro;
- proveta de 100 mL;
- suporte universal;
- tubos de ensaio e grade.

REAGENTES

- Água destilada;
- carbonato de cálcio ($CaCO_3$) sólido;
- essência orgânica;
- éter.

PROBLEMA(S) PROPOSTO(S)

A necessidade da separação de misturas é corriqueira no laboratório e na indústria química. Constantemente, surge a exigência de isolarmos ou de purificarmos substâncias. Sendo assim, quais são os métodos mais indicados para a separação de uma mistura constituída por (a) água e areia, e de uma mistura constituída por (b) água e óleo de soja? No que se baseiam esses métodos de separação?

OBJETIVO EXPERIMENTAL

Realizar o fracionamento de misturas por meio das técnicas laboratoriais de filtração gravitacional, centrifugação e decantação.

DIRETRIZES EXPERIMENTAIS

- 1ª parte: filtrando uma mistura heterogênea.

- Dobrar adequadamente o papel filtro.

- Montar um sistema para filtração, em suporte universal.

- Em um béquer, adicionar, a partir de uma proveta, 100 mL de água e 2 g de carbonato de cálcio.

- Agitar a mistura com um bastão de vidro.

- Escoar a mistura, por meio de um bastão de vidro, ao funil, tocando este à superfície interna lateral de um béquer, utilizando o sistema de filtração previamente montado.

- Verificar a retenção do sólido no papel filtro.

- 2ª parte: centrifugando uma mistura heterogênea.

- Em um tubo de ensaio, adicionar uma pitada de carbonato de cálcio e solubilizá-lo com o mínimo possível de água.

- Transferir a solução a um tubo da centrífuga.

- Ligar a centrífuga e mantê-la em rotação por 2 minutos.

- Verificar o aspecto obtido após a operação.

- 3ª parte: decantando uma mistura heterogênea.

- Montar um sistema com suporte universal, garras e funil de decantação.

- Em um copo de béquer de 50 mL, separar uma alíquota de 30 mL de água; adicionar a ela algumas gotas de composto orgânico natural (essência com coloração).

- Adicionar ao béquer, com utilização de uma pipeta, 15 mL de éter (realizar esse procedimento em capela, devido à toxicidade do éter), agitando o sistema com bastão de vidro.

- Transferir a mistura a um funil de decantação e realizar extração do solvente orgânico pelo éter, observando imiscibilidade da fase etérea com a água.

QUESTÕES SUGERIDAS

1. Por que o $CaCO_3$ é retido no papel filtro? Por que a filtração é mais rápida no início do processo?

2. Por que se deve escorrer o líquido pelo bastão de vidro ao proceder uma filtração gravitacional?

3. No que consiste a aceleração de uma filtração por centrifugação?

4. O funil de decantação deve estar aberto ou fechado ao final do processo? Explique.

5. Classifique as misturas utilizadas nos processos de fracionamento tratados.

6. No que se baseia a imiscibilidade do $CaCO_3$ e do éter em água?

REFERÊNCIAS

ATKINS, P.; JONES, L. **Princípios de química**: questionando a vida moderna e o meio ambiente. 5. ed. Porto Alegre: Bookman, 2012. p. F53-F54/381-382.

PERUZZO, T. M.; CANTO, E. L. **Química**: volume único. 2. ed. São Paulo: Moderna, 2003. p. 28-30.

AEP N.° 08

TÍTULO

Separação de misturas homogêneas: sistemas de destilação

FUNDAMENTAÇÃO TEÓRICA

Um dos métodos de purificação e separação de substâncias mais importantes para o laboratório e para a indústria é o da **destilação**. Utilizado em larga escala tanto em laboratório de análise quanto em grandes indústrias químicas, baseia-se na diferença entre os pontos de ebulição dos diversos componentes de uma mistura ou solução. Aquecendo-a, as substâncias irão vaporizando à medida que a temperatura do sistema alcança valores cada vez mais altos. No decorrer do processo, elas podem ser recolhidas em recipientes separados, uma vez que na vaporização de cada um dos integrantes da mistura, sob condições ideais, a temperatura se mantém constante, sendo que cada componente possui um ponto de ebulição (PE) definido.

Durante o aquecimento, o componente da mistura de menor PE é separado inicialmente, seguido pelo componente de PE intermediário, e assim sucessivamente. Conhecendo-se o PE de cada líquido, pode-se determinar cada um deles.

Uma **destilação simples** (Figura 15) geralmente é empregada na separação de misturas constituídas por sólidos dissolvidos em líquidos, de PE distantes. Para tanto, emprega-se um balão de destilação acoplado a um condensador, como vidraria essencial ao procedimento.

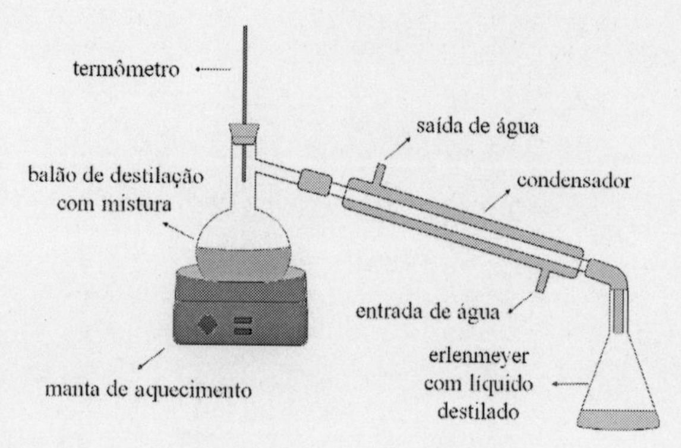

FIGURA 15 – MODELO DE UM SISTEMA DE DESTILAÇÃO SIMPLES
FONTE: Os autores.

Uma **destilação fracionada** (Figura 16) geralmente é empregada na separação de misturas entre líquidos miscíveis, de PE próximos. Como acréscimo das vidrarias utilizadas na destilação simples, usa-se uma coluna de fracionamento entre o balão de destilação e o condensador, a fim de aprimorar a eficiência do processo.

Um líquido entra em ebulição quando sua pressão de vapor se iguala ao valor da pressão externa. À medida que aumenta a pressão exercida sobre o sistema, eleva-se a temperatura de ebulição, e inversamente, se a pressão exercida é baixa, menos energia deverá ser cedida ao líquido para que sua pressão de vapor alcance o valor da pressão externa. Um bom exemplo é o da água ao nível do mar, sendo que à pressão de 760 mmHg, ela vaporiza-se a 100°C. Quando se aumenta a altitude, a pressão atmosférica diminui e assim também o PE da água.

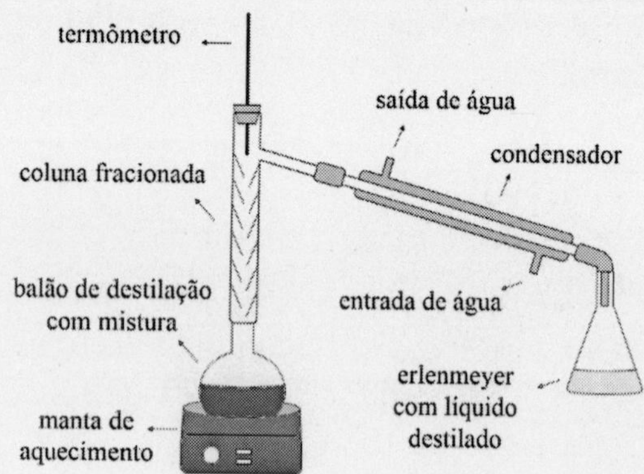

FIGURA 16 – MODELO DE UM SISTEMA DE DESTILAÇÃO FRACIONADA
FONTE: Os autores.

Por exemplo, no Monte Everest, altitude de aproximadamente 9000 m, o PE da água é de 70 °C (de modo igualmente aproximado).

MATERIAIS

- Béqueres;
- kit tripé, tela de amianto e bico de Bunsen;
- vidraria para destilação simples e fracionada.
- proveta de 10 mL;

REAGENTES

- Água destilada;
- cloreto de sódio (NaCl) sólido;
- etanol.

PROBLEMA(S) PROPOSTO(S)

Um sistema constituído por uma única fase pode tratar-se de uma mistura homogênea, ao invés de uma substância pura. Para sua identificação, tornam-se importantes métodos de destilação, os quais permitem essa identificação. Desse modo, como podemos identificar uma substância pura (a água, por exemplo) de uma mistura homogênea (uma salmoura, por exemplo)?

OBJETIVO EXPERIMENTAL

Proceder à separação dos constituintes de misturas homogêneas por meio das técnicas de destilação simples e fracionada.

DIRETRIZES METODOLÓGICAS

- 1ª parte: utilizando um sistema de destilação simples.

    - Preparar uma mistura entre NaCl e água (solução).
    - Observar tratar-se de uma mistura homogênea.

- Separar a água da mistura utilizando o sistema de destilação simples.

- Observar o NaCl residual no balão de separação.

- 2ª parte: utilizando um sistema de destilação fracionada.

- Preparar uma mistura entre etanol e água (solução).

- Observar tratar-se de uma mistura homogênea.

- Separar o etanol da mistura utilizando o sistema de destilação fracionada.

- Observar o aumento de temperatura no termômetro seguido pelo PE do etanol.

- 3ª parte: improvisando um sistema de destilação.

- Verificar, separadamente, o PE da água e do etanol. Realizar, para isso, aquecimento em copo de béquer em imersão sobre tela de amianto.

- Montar sistema conforme a Figura 17, empiricamente separando uma mistura composta por 5 mL de água e 5 mL de etanol.

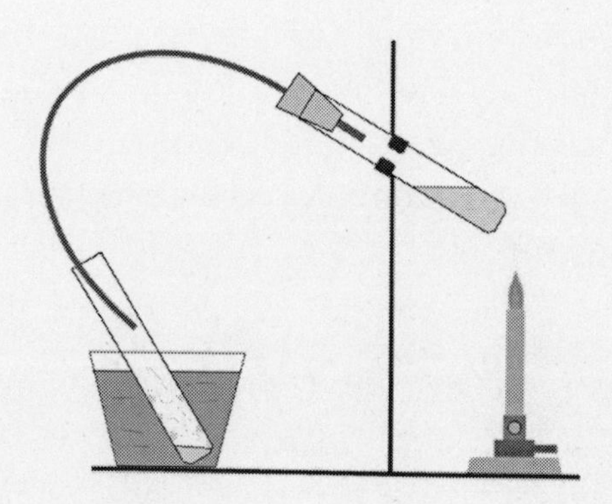

FIGURA 17 – MODELO DE UM SISTEMA DE DESTILAÇÃO ALTERNATIVO
FONTE: Os autores.

QUESTÕES SUGERIDAS

1. O que permite a separação de misturas pelos processos de destilação?

2. Quais foram as principais diferenças encontradas entre os três sistemas utilizados?

3. O sistema alternativo de destilação se aproxima mais de uma destilação simples ou de uma destilação fracionada? Por quê?

4. A utilização de pérolas de ebulição é muito comum em sistemas de destilação. No que consiste essa funcionalidade?

5. Além dos sistemas utilizados, a **destilação por refluxo** e a **destilação por arraste de vapor** são frequentes no laboratório e na indústria química. Explique-as.

6. A destilação simples utilizada é uma solução viável para a dessalinização da água do mar. Justifique.

REFERÊNCIAS

ATKINS, P.; JONES, L. **Princípios de química**: questionando a vida moderna e o meio ambiente. 5. ed. Porto Alegre: Bookman, 2012. p. F53-F54/381-382.

PERUZZO, T. M.; CANTO, E. L. **Química**: volume único. 2. ed. São Paulo: Moderna, 2003. p. 28-30.

ATIVIDADE EXPERIMENTAL PROBLEMATIZADA (AEP)

TÉCNICAS BÁSICAS DE INSTRUMENTAÇÃO

AEP N.° 09

TÍTULO

Tratamento da água potável

FUNDAMENTAÇÃO TEÓRICA

A água, apesar de ser abundante em todo o planeta (cerca de 70% de sua superfície), tem se tornado muita escassa; isso porque, do total de água disponível, apenas 3% é água doce, sendo que destes, 2,6% estão congelados. Isto é, apenas 0,4% do total dos recursos hídricos do planeta é água doce disponível, em lagos, rios e depósitos subterrâneos.

Dentre os principais motivos da escassez de água potável, estão o seu não tratamento após o seu uso e a contaminação de lagos e rios por lixo e rejeitos industriais.

Em uma **estação de tratamento** para obtenção de **água potável,** são utilizados processos físicos e químicos, dependendo da etapa do procedimento, como pode ser observado na Figura 18.

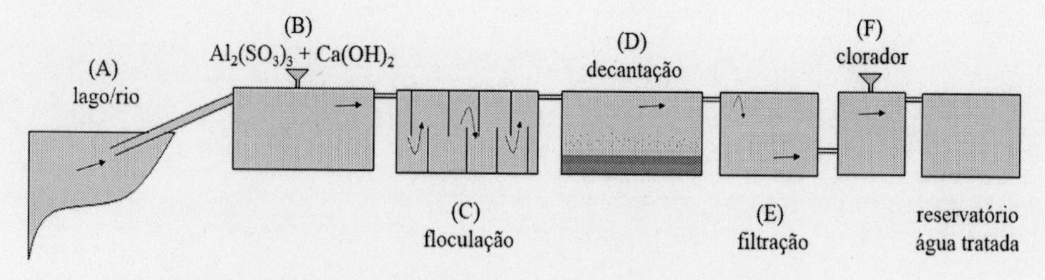

FIGURA 18 – ESQUEMA DE UMA ESTAÇÃO DE TRATAMENTO DE ÁGUA
FONTE: Os autores.

De acordo com a Figura 18, a primeira etapa (A) em uma estação de tratamento de água consiste em obter a água a ser tratada de alguma fonte, tais como rios e lagos. Depois disso, a água é captada em um tanque (B), onde é adicionado sulfato de alumínio e hidróxido de cálcio, que reagem entre si para a formação do hidróxido de alumínio (Equação IV), que atuará como agente floculante, pois este apresenta uma aparência de gel, sendo pouco solúvel em água (C).

$$Al_2(SO_3)_4 + 3Ca(OH)_2 \rightarrow 2Al(OH)_3 + 3CaSO_4 \qquad (IV)$$

Em seguida, em outro tanque, ocorre a decantação do gel formado, que arrasta consigo para o fundo do tanque as impurezas e partículas em suspensão na água (D). Então, a água é direcionada para o tanque de filtração (E), onde possui uma camada filtrante composta por: areia fina, areia grossa, cascalho e carvão ativo. Em outro reservatório, a água recebe a cloração (F), ou seja, a adição de pequena quantidade de cloro – Cl_2 –, que tem por objetivo eliminar micro-organismos patogênicos. Além disso, nessa etapa são adicionadas também pequenas quantidades de fluoreto de sódio – NaF –, que auxilia no combate às cáries dentárias. Por fim, a água tratada é condicionada em um reservatório, no qual se realizam testes de pH, de aparência, de percentagem de resíduos sólidos, entre outras análises, a fim de verificar sua potabilidade.

Nesta AEP, são propostos procedimentos físicos e químicos para o tratamento de pequenas amostras de água, sob uma perspectiva de aproximação àqueles utilizados em uma estação de tratamento convencional.

MATERIAIS

- Areia;
- balança analítica;
- béqueres de 50 mL;
- gaze;
- papéis filtros;
- pedras pequenas;
- sistema de filtração simples.

REAGENTES

- Carvão;
- hidróxido de sódio (NaOH) aquoso;
- sulfato de alumínio ($Al_2(SO_4)_3$) sólido.

PROBLEMA(S) PROPOSTO(S)

Para a potabilidade da água, são necessários procedimentos iniciais capazes de torná-la límpida e cristalina. Para tanto, podemos utilizar processos de natureza física, assim como processos de natureza química. Ambos possuem a mesma eficiência? Por quê?

OBJETIVO EXPERIMENTAL

Realizar procedimentos de filtração e de decantação para limpeza da água barrenta.

DIRETRIZES EXPERIMENTAIS

- 1ª parte: filtrando a água.

- Filtrar um pouco de água barrenta apenas em papel filtro.

- Observar seu aspecto antes a após o procedimento.

- Observar que as partículas são minúsculas a ponto de atravessá-lo.

- Entretanto, outro sistema de filtração pode ser utilizado com melhores resultados.

- 2ª parte: filtrando novamente a água.

- Preparar um filtro de água como o utilizado pelas estações de tratamento (Figura 19).

- Em um funil, estender gaze ou papel filtro, de modo que acompanhe sua forma interna.

- Colocar no fundo uma camada de pequenas pedras, sobre elas uma camada média de areia fina molhada e, finalmente, uma última camada de carvão em pó, não muito fino, para evitar que passe através dos poros da gaze ou do papel filtro.

- Preparar um pouco de água barrenta e filtrá-la através desse filtro. Verificar seu aspecto anterior e posterior ao procedimento.

- Ainda temos uma água turva. Nas estações de tratamento de água, usa-se comumente um procedimento químico, e não físico.

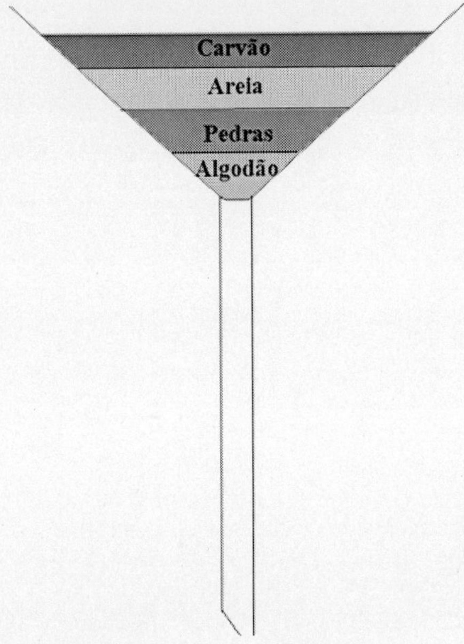

FIGURA 19 – MODELO DE UM SISTEMA DE FILTRAÇÃO DE ÁGUA
FONTE: Os autores.

- <u>3ª parte: decantando as impurezas da água.</u>

- Adicionar a 50 mL de água barrenta 2 g de $Al_2(SO_4)_3$.

- Agitar o sistema e adicionar a ele NaOH em solução aquosa grosseira, paulatinamente, até que se forme um precipitado gelatinoso de hidróxido de alumínio ($Al(OH)_3$).

- Depois de formado o precipitado, agitar lentamente o sistema com um bastão de vidro. Observar como as partículas de terra vão se aderindo às micelas de $Al(OH)_3$.

- Manter o sistema em repouso e observar a decantação das impurezas.

QUESTÕES SUGERIDAS

1. Prever anteriormente a massa a ser adicionada de NaOH conforme reação química com $Al_2(SO_4)_3$. Para isso, demonstre o cálculo estequiométrico envolvido e a reação de dupla-troca, com formação do $Al(OH)_3$.

2. Qual é o processo que faz com que as partículas de hidróxido de alumínio se adiram às impurezas?

3. Conforme equação química, qual é a massa necessária de NaOH ao utilizar-se 2 Kg de $Al_2(SO_4)_3$ em uma estação de tratamento?

4. Qual é a relação estequiométrica entre o NaOH e o $Al_2(SO_4)_3$? No que essa relação interfere nas massas empregadas desses reagentes?

REFERÊNCIAS

GALVES JÚNIOR.; J. C.; GOÉS, D. T.; LIEGL, R. **Enciclopédia do estudante**: química pura e aplicada. 1. ed. São Paulo: Moderna, 2008. p. 163-164.

MERCADANTE, C.; FAVARETTO, J. A. **Biologia**: volume único. 1. ed. São Paulo: Moderna, 1999. p. 60-62.

PERUZZO, T. M.; CANTO, E. L. **Química**: volume único. 2. ed. São Paulo: Moderna, 2003. p. 41-42.

ATIVIDADE EXPERIMENTAL PROBLEMATIZADA (AEP)

TÉCNICAS BÁSICAS DE INSTRUMENTAÇÃO

AEP N.º 10

TÍTULO

Fenômenos físicos e fenômenos químicos

FUNDAMENTAÇÃO TEÓRICA

Quando substâncias se reúnem sem que tenha havido uma reação química, ou seja, sem que tenha se formado um novo composto, dizemos que temos uma mistura; cada um dos componentes conserva suas propriedades originais e, por outro lado, pode-se separar os seus componentes por processos físicos. Entretanto, quando uma nova substância é formada, temos um processo, ou um fenômeno, químico. Assim, podemos estudar a matéria por meio de fenômenos físicos e químicos.

Fenômenos físicos (ou misturas) são caracterizados pela conservação da composição da matéria e pela reversibilidade do processo. Uma vez que não há alteração da matéria, esta pode ser recuperada em seus componentes individuais. Assim, toda mudança de fase representa um exemplo de fenômeno físico.

Fenômenos químicos (ou reações químicas) são caracterizados pela transformação da matéria e pela irreversibilidade do processo. Uma vez ocorrida a reação, tem-se um sistema distinto do inicial, com formação de novas substâncias, o qual não poderá ser "recuperado" por nenhum processo físico. Assim, uma combustão representa um exemplo de fenômeno químico.

MATERIAIS

- Balança analítica;
- béqueres de 50 mL;
- funil de separação;
- kit tripé, tela de amianto e bico de Bunsen;
- vidros de relógio.
- pinça metálica;
- provetas de 50 mL;
- tubos de ensaio e respectiva grade;

REAGENTES

- Ácido clorídrico (HCl) aquoso;
- cloreto de amônio (NH_4Cl) líquido;
- cloreto de sódio (NaCl) sólido;
- nitrato de chumbo ($Pb(NO_3)_2$) sólido;
- enxofre (S_8) sólido;
- nitrato de prata ($AgNO_3$) sólido.
- gasolina;
- hidróxido de sódio (NaOH) aquoso;
- iodeto de potássio (KI) sólido;

PROBLEMA(S) PROPOSTO(S)

Uma transformação química da matéria é denominada reação química. Experimentalmente, por exemplo, tem-se uma reação química ao se adicionar um comprimido efervescente em água. Nesse caso, o desprendimento gasoso evidencia a natureza desse processo. Sendo assim, quais podem representar outras evidências de reações químicas?

OBJETIVO EXPERIMENTAL

Realizar transformações físicas e químicas da matéria.

DIRETRIZES METODOLÓGICAS

- 1ª parte: exemplificando fenômenos físicos.

a) Solução sólido × líquido:

- Em 20 mL de água, solubilizar 5 g de cloreto de sódio (sal de cozinha), em um copo de béquer de 50 mL.

- Anotar as massas do copo de béquer vazio, apenas com água e com a solução.

- Aquecer o sistema até evaporação completa da água.

- Medir a massa novamente do sistema e anotar observações.

b) Solução líquido × líquido:

- Em uma proveta, adicionar 10 mL de gasolina.

- Em uma segunda proveta, adicionar o mesmo volume de água.

- Misturar os líquidos em um funil de separação e agitar.

- Decantar a mistura nas mesmas provetas, separando líquidos e observando extração do álcool pela água.

c) Mistura heterogênea:

- Adicionar a 20 mL de água 1 g de enxofre em um copo de béquer de 50 mL.

- Agitar o sistema.

- A partir de uma filtração simples, separar os componentes da mistura.

- Com auxílio de uma pinça, medir a massa do papel filtro.

- Após filtração, medir novamente a massa do papel filtro, observando a massa de água retida.

- Evaporar a água residual do papel filtro sobre uma tela de amianto.

- Medir a massa do sistema novamente.

- 2ª parte: exemplificando fenômenos químicos.

a) Reação entre nitrato de chumbo e iodeto de potássio:

- Colocar 1 mL de solução grosseira de nitrato de chumbo em um tubo de ensaio.

- Adicionar a este 1 mL de solução grosseira de iodeto de potássio. Agitar o sistema e observar.

- Separar o precipitado por filtração e acondicioná-lo em frasco apropriado.

b) Reação entre ácido clorídrico e nitrato de prata:

- Em um tubo de ensaio, colocar 1 mL de ácido clorídrico diluído.

- Acrescentar a este 1 mL de nitrato de prata em solução grosseira. Observar as transformações.

- Expor o precipitado à luz e observar eventuais transformações.

- Separar o precipitado por filtração e acondicioná-lo em frasco apropriado.

c) Reação entre cloreto de amônio e hidróxido de sódio:

- Em um tubo de ensaio, colocar 1 mL de cloreto de amônio em solução grosseira.

- Acrescentar a este 1 mL de hidróxido de sódio em solução grosseira.

- Observar as transformações (desprendimento de amônia gasosa).

QUESTÕES SUGERIDAS

1. Quais são as principais diferenças teóricas entre fenômenos físicos e químicos? E experimentais?

2. Quais são as principais evidências da ocorrência de reações químicas? Quais foram observadas nos experimentos?

3. Equacionar todas as reações químicas ocorridas, compondo uma tabela com denominações funcionais.

4. Explicar a extração do álcool da gasolina pela água.

5. Conforme sua natureza, identificar FF e FQ para os fenômenos abaixo:

( ) Combustão do metal magnésio.

( ) Acender uma lâmpada.

( ) Respiração humana na decomposição do O_2.

( ) Fotossíntese.

( ) Emissão de um raio laser.

( ) Quebra de um objeto.

( ) Dilatar uma barra de ferro.

( ) Formação de ferrugem.

( ) Reagir zinco com ácido clorídrico.

( ) Colocar um prego na madeira.

( ) Misturar água com cloreto de sódio.

( ) Derretimento de um *iceberg*.

( ) Mudar um feixe de luz vermelha para luz azul.

( ) Sublimar o iodo.

( ) A queima de gasolina nos motores dos carros.

( ) Estrelar um ovo.

( ) Digestão dos alimentos ingeridos.

( ) Crescimento de uma planta.

REFERÊNCIAS

FELTRE, R. **Química**: Química geral. v. 1, 6. ed., São Paulo: Moderna, 2004. p. 5-7.

PERUZZO, T. M.; CANTO, E. L. **Química**: volume único. 2. ed. São Paulo: Moderna, 2003. p. 14-15.

AEP N.° 11

TÍTULO

Reações químicas

FUNDAMENTAÇÃO TEÓRICA

Ao observarmos a natureza a nossa volta, vemos que grande parte dos fenômenos identificados são químicos, ou seja, ocorrem por meio de reações químicas, que vão desde a formação da ferrugem num pedaço de ferro, a queima de combustíveis, o apodrecimento de frutas, a respiração animal, a muitos outros exemplos.

Assim, todos esses eventos são caracterizados pela **transformação da matéria**, na qual o ferro se transforma em óxido férrico, no caso da ferrugem, combustíveis, como o etanol e a gasolina, se tornam gás carbônico e água ao serem queimados, e o ar oxigênio que inspiramos se transforma no gás carbônico que expiramos.

MATERIAIS

- espátula;
- etiquetas adesivas;
- fósforos de segurança;
- pinça metálica;
- prendedor de madeira;
- proveta de 10 mL;
- kit tripé, tela de amianto e bico de Bunsen;
- tubos de ensaio e respectiva grade.

REAGENTES

- Ácido clorídrico (HCl) aquoso;
- magnésio (Mg) em fita ou em raspas;
- cloreto de bário ($BaCl_2$) aquoso;
- sulfato de sódio (Na_2SO_4) aquoso;
- dicromato de amônio ($(NH_4)_2Cr_2O_7$) sólido;
- zinco (Zn) em raspas.

PROBLEMA(S) PROPOSTO(S)

Identificar e equacionar um processo de natureza química é de fundamental importância para o laboratório e para a indústria química. Para tanto, é imprescindível que se reconheçam alguns fatores empíricos capazes de evidenciar uma reação química. Quais podem representar esses fatores?

OBJETIVO EXPERIMENTAL

Propor reações químicas sob métodos diversos, como contato entre reagentes e combustão.

DIRETRIZES METODOLÓGICAS

- 1ª parte: aquecendo o dicromato de amônio.

- Em um tubo de ensaio, colocar uma pequena porção de $(NH_4)_2Cr_2O_7$ sólido.

- Com o auxílio da pinça de madeira, segurá-lo e aquecê-lo cuidadosamente na chama do bico de Bunsen, mantendo o tubo inclinado. Não direcionar o tubo na direção das pessoas.

- Observar possíveis alterações no sistema e relacioná-las à Equação V.

$$(NH_4)_2Cr_2O_7 \rightarrow Cr_2O_3 + 4H_2O + N_2 \quad (V)$$

- 2ª parte: reagindo cloreto de bário com sulfato de sódio.

- Rotular dois tubos de ensaio com os números 1 e 2.

- Colocar aproximadamente 2 mL de solução aquosa de Na_2SO_4 no tubo 1 e aproximadamente a mesma quantidade de solução aquosa de $BaCl_2$ no tubo 2.

- Juntar o conteúdo do tubo 1 ao do tubo 2.

- Observar possíveis alterações no sistema e relacioná-las à Equação VI.

$BaCl_2 + Na_2SO_4 \rightarrow BaSO_4 + 2NaCl$ (VI)

- 3ª parte: queimando o magnésio.

- Com o auxílio da pinça, segurar um pedaço de aproximadamente 1,5 cm de Mg e queimá-lo diretamente na chama de um bico de Bunsen. Cuidado! Não olhar diretamente para a chama.

- Observar possíveis alterações no sistema e relacioná-las à Equação VII.

$2Mg + O_2 \rightarrow 2MgO$ (VII)

- 4ª parte: reagindo metais com ácido clorídrico.

- Rotular dois tubos de ensaio, um para Zn (raspas) e outro para Mg (raspas).

- Colocar em cada tubo uma pequena porção do metal correspondente.

- Adicionar de 2 mL a 3 mL de solução aquosa de HCl a cada tubo.

- Observar possíveis alterações nos sistemas e relacioná-las às Equações VIII e IX.

$Zn + 2HCl \rightarrow ZnCl_2 + H_2$ (VIII)

$Mg + 2HCl \rightarrow MgCl_2 + H_2$ (VIX)

- Observação: esse procedimento não é uma *dissolução* do metal em ácido, e sim uma reação química, pois em uma dissolução não ocorre alteração das substâncias.

QUESTÕES SUGERIDAS

1. Citar os aspectos físicos de cada um dos sistemas tratados, antes, durante e após o fenômeno químico.

2. Considerando todas as reações químicas propostas, identificar quais são as reações de síntese e quais podem ser classificadas de outra forma.

3. Quais foram, em cada caso, as evidências da ocorrência de reações químicas?

4. Pesquisar: (a) como é obtida a maior parte do cloreto de sódio (sal de cozinha) utilizado cotidianamente; (b) onde se pode encontrar ferro metálico na natureza e (c) o HCl puro é um gás conhecido como cloreto de hidrogênio. A diluição dessa substância em água constitui o que chamamos de ácido clorídrico. Quais são as matérias-primas empregadas na obtenção do cloreto de hidrogênio?

5. Todos os metais reagem sob condições ambientes com o ácido clorídrico em solução? Justifique.

6. Por que não se deve armazenar ácido clorídrico em recipientes metálicos?

REFERÊNCIAS

FELTRE, R. **Química**: Química geral. v. 1, 6. ed., São Paulo: Moderna, 2004. p. 5-7.

PERUZZO, T. M.; CANTO, E. L. **Química**: volume único. 2. ed. São Paulo: Moderna, 2003. p. 14-15.

ATIVIDADE EXPERIMENTAL PROBLEMATIZADA (AEP)

TÉCNICAS BÁSICAS DE INSTRUMENTAÇÃO

AEP N.° 12

TÍTULO

Preparo de soluções aquosas 0,001 mol/L de sais

FUNDAMENTAÇÃO TEÓRICA

Uma **solução**, em sentido amplo, trata-se de uma dispersão homogênea de duas ou mais espécies de substâncias moleculares ou iônicas. Em âmbito mais restrito, denominamos soluções as dispersões que apresentam as partículas do disperso (**soluto**) com um diâmetro inferior a 10 Å. Quando esse diâmetro situa-se entre 10 e 1000 Å, temos dispersões coloidais. Exemplos: gelatina, goma arábica, fumaça, entre outras. Quando, por sua vez, as partículas de soluto possuem diâmetro superior a 1000 Å, temos dispersões grosseiras. Exemplo: leite de magnésia, dispersão grosseira de magnésio em água.

Nas soluções, as partículas do soluto não se separam do **solvente** sob ação de ultracentrífugas, não são retidos por ultrafiltros e não são vistas por meio de microscópios potentes. Os instrumentos citados conseguem separar, reter e visualizar as partículas do soluto numa dispersão coloidal. Já na dispersão grosseira, as partículas do soluto são separadas, retidas e visualizadas com auxílio de instrumentos comuns. Portanto, numa solução, o soluto e o solvente constituem uma única fase e toda mistura homogênea constitui uma solução.

No preparo de soluções, como em todo procedimento experimental, alguns erros podem ser cometidos. Eles têm como causas comuns o uso inadequado da vidraria, as falhas na determinação da massa e do volume e a utilização de reagentes de baixo grau de pureza, entre outras. A partir do processo de *padronização*, é possível verificar o quanto a concentração da solução preparada aproxima-se da concentração da solução desejada.

Existem substâncias com características bem definidas, conhecidas como *padrões primários*, que são utilizadas como referência na correção da concentração das soluções por intermédio do procedimento denominado *padronização* ou *fatoração*. Tal procedimento consiste na titulação da solução de concentração a ser determinada com uma massa definida do padrão primário adequado.

As características básicas de um **padrão primário são:**

(a) deve ser de fácil obtenção, purificação, conservação e secagem;

(b) deve possuir uma massa molar elevada para que os erros relativos cometidos nas pesagens sejam menos significativos;

(c) deve ser estável ao ar sob condições ordinárias, se não por longos períodos, pelo menos durante a pesagem. Não deve ser higroscópico, eflorescente, nem conter água de hidratação;

(d) deve apresentar grande solubilidade em água;

(e) as reações de que participa devem ser rápidas e praticamente completas;

(f) não deve formar produtos secundários.

Existem vários métodos para expressar a **concentração de soluções**, sendo os principais: concentração comum, concentração molar, normalidade, título e ppm.

A concentração comum (**C**) indica a massa de soluto (**m**), em gramas (g), contidos em um determinado volume de solução (**V**), em litros (L), usando-se a expressão: $C = \frac{m}{V}$.

A concentração molar, ou molaridade (**M**), indica a quantidade de mols do soluto (**n**) presente em um determinado volume de solução (**V**), em litros (L), utilizando-se a expressão: $M = \frac{n}{V}$.

A normalidade (**N**) expressa o número de equivalentes-grama (**eq**) do soluto por litro da solução (L), $N = \frac{eq}{V}$. Neste, o **eq** indica a massa de espécies reativas presentes no soluto, isto é, para ácidos é determinado pelo número de átomos de hidrogênio ionizáveis, para bases é o número de hidroxilas (HO^-) dissociáveis e, para sais, o número de elétrons que podem ser transferidos, podendo ser calculado usando a expressão: $\mathbf{eq} = \frac{MM}{X}$, sendo *MM* a massa molar do soluto e **X** o número das espécies reativas. A relação entre **N** e **M** se dá pela expressão: **N = X . M**.

O título (τ) pode ser expresso em massa ou em volume, no qual ambos indicam a fração do soluto contido na solução, por meio das expressões $\boldsymbol{\tau}_{(m)} = \frac{m_1}{m_2}$ e $\boldsymbol{\tau}_{(v)} = \frac{v_1}{v_2}$, sendo que os subíndices 1 e 2 se referem ao soluto e à solução, respectivamente. Multiplicando-se o valor obtido do τ por 100%, tem-se a porcentagem do soluto.

O ppm (partes por milhão), é uma forma de indicar a concentração do soluto, quando este está em pouquíssima quantidade. Ele expressa uma parte do soluto em um milhão de partes da solução, que seria o mesmo que: $\mathbf{ppm} = \frac{1}{10^6} = \frac{mg}{kg} = \frac{mg}{L} = \frac{\mu g}{mL}$.

MATERIAIS

- Balança analítica;
- balão volumétrico de 50, 100 e 250 mL;
- bastão de vidro;
- béquer de 50 mL;
- papel absorvente;
- pisseta;
- vidro de relógio.

REAGENTES

- Cloreto de sódio (NaCl) sólido;
- iodeto de potássio (KI) sólido;
- sulfato de cobre penta-hidratado ($CuSO_4.5H_2O$).

PROBLEMA(S) PROPOSTO(S)

A preparação, sob procedimento padrão, de uma solução representa uma importante atividade para o estudante ou profissional da Química. Para tanto, algumas habilidades procedimentais são indispensáveis. Identifique algumas dessas habilidades.

OBJETIVO EXPERIMENTAL

A partir de cálculos para a concentração de soluções de diferentes unidades, preparar soluções sob volumes recomendados.

DIRETRIZES METODOLÓGICAS

Realizar os devidos cálculos para preparação de soluções aquosas 0,01 mol/L de NaCl, de $CuSO_4$ e de KI, em volumes respectivamente iguais a 50 mL, 100 mL e 250 mL, conforme procedimentos abaixo:

- Medir a respectiva massa necessária de cada sal em vidro de relógio ou copo de béquer de 50 mL.

- Transferir essa massa a um balão volumétrico conforme volume a ser preparado da solução. Utilizar, para isso, papel em forma de cone.

- Adicionar água destilada ao soluto até solubilizá-lo completamente.

- Com auxílio de uma pisseta, completar o volume do balão.

- Secar internamente o gargalo do balão com papel absorvente e bastão de vidro.

- Agitar o balão em movimentos verticais, 12 vezes.

- Rotular soluções preparadas conforme modelo representado na Figura 20.

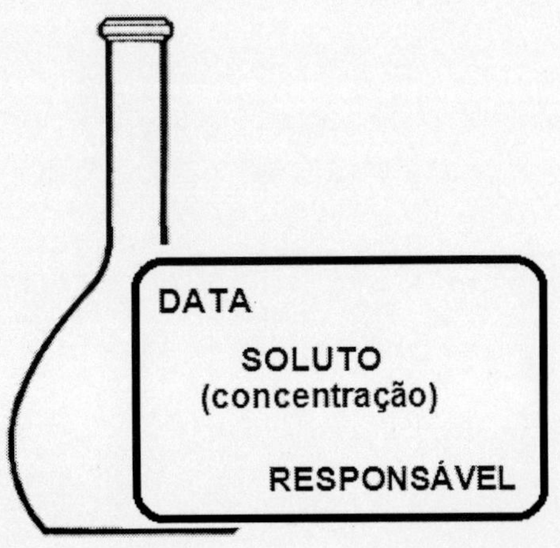

FIGURA 20 – MODELO DE ROTULAÇÃO
FONTE: Os autores.

QUESTÕES SUGERIDAS

1. Expressar os cálculos realizados em uma tabela, relacionando massa de soluto, volume e concentração das soluções.

2. Por que se utilizam balões volumétricos no preparo de soluções?

3. Qual é a importância da utilização de vidrarias limpas e secas no preparo de uma solução de concentração conhecida?

4. Quais são as etapas básicas do preparo de uma solução de concentração molar de alta precisão?

REFERÊNCIAS

HARRIS. D. C. **Análise Química Quantitativa**. 6. ed., Rio de Janeiro: LTC, 2005. p. 238-239.

PERUZZO, T. M.; CANTO, E. L. **Química**: volume único. 2. ed. São Paulo: Moderna, 2003. p. 139-143.

AEP N.° 13

TÍTULO

Preparo de soluções aquosas de ácido oxálico em concentração comum, molar e normal: volume de solução

FUNDAMENTAÇÃO TEÓRICA

O **ácido oxálico**, ou ácido etanodióico, é o ácido orgânico dicarboxílico mais simples (Figura 21). Ocorre em muitas plantas e animais, principalmente sob a forma de sal. Encontra-se normalmente na urina animal e, em casos patológicos de oxalúrio, é excretado em quantidades elevadas.

O
HO OH
O

FIGURA 21- FÓRMULA ESTRUTURAL DO ÁCIDO OXÁLICO

FONTE: Os autores.

É uma substância incolor, que cristaliza a partir de soluções aquosas com duas moléculas de água de cristalização. Esse di-hidrato funde-se a 189 °C e se dissolve com facilidade em água e álcool comum. Em presença de ácido sulfúrico concentrado, decompõe-se, formando monóxido e dióxido de carbono e água.

Sua preparação pode utilizar como matéria-prima a madeira, que é digerida com soda cáustica, ou o aquecimento rápido do formiato de sódio a 400 °C, que libera hidrogênio e forma o oxalato de sódio. É empregado em Química Analítica para reconhecimento e dosagem de cálcio, na indústria de tintas de escrever, em fotografia, tinturaria e cortumes. Sua fórmula molecular é $C_2H_2O_4$.

MATERIAIS

- Balança analítica;
- bastão de vidro;
- béqueres de 50 mL;
- papel absorvente;
- balão volumétrico de 100, 250 e 500 mL;
- pisseta;
- vidros de relógio.

REAGENTES

- Ácido oxálico sólido.

PROBLEMA(S) PROPOSTO(S)

Pode-se utilizar de um mesmo soluto para a preparação de soluções de diferentes unidades de concentração. Entretanto, quando se dispõe de soluções que expressam sua concentração por unidades distintas, não se pode utilizar o valor adimensional como critério para determinação da solução mais diluída ou mais concentrada. Como essa informação pode ser demonstrada experimentalmente?

OBJETIVO EXPERIMENTAL

Realizar os cálculos necessários e utilizar procedimentos experimentais adequados ao preparo de soluções de concentrações distintas de ácido oxálico em diferentes volumes.

DIRETRIZES EXPERIMENTAIS

- 1ª parte: Preparando 100 mL de uma solução 0,02 g/L de ácido oxálico.

- 2ª parte: Preparando 250 mL de uma solução 0,002 mol/L de ácido oxálico.

- 3ª parte: Preparando 500 mL de uma solução 0,008 N de ácido oxálico.

- Realizar os devidos cálculos para preparação das soluções supracitadas.

- Medir a massa correspondente do ácido para cada solução, em vidro de relógio ou copo de béquer de 50 mL.

- Transferir essa massa a um balão volumétrico, conforme a concentração e o volume a ser preparado da solução. Utilizar, para isso, papel em forma de cone.

- Adicionar água destilada ao soluto até solubilizá-lo completamente.

- Com auxílio de uma pisseta, completar o volume do balão.

- Secar internamente o gargalo do balão com papel absorvente e bastão de vidro.

- Agitar o balão em movimentos verticais 12 vezes.

- Rotular as soluções preparadas conforme modelo representado na AEP anterior (Figura 20).

QUESTÕES SUGERIDAS

1. Representar a fórmula estrutural do ácido oxálico e sua ionização em água.

2. Para determinação de uma amostra contendo carbonato de cálcio, foram gastos 2,4 g de ácido oxálico. Qual é a massa de carbonato contida na amostra?

3. Determinar a concentração comum para as três soluções preparadas.

4. Determinar a concentração molar para as três soluções preparadas.

5. Determinar a concentração normal para as três soluções preparadas.

6. Apresentar, em forma de quadro, os cálculos referentes às soluções preparadas.

7. Apresentar, em forma de quadro, a relação massa de soluto / volume de solução (padronizar o volume de cada solução em 1 mL, a título comparativo).

8. Qual é a solução de maior concentração, dentre as preparadas?

REFERÊNCIAS

BROWN, T. L.; LEMAY Jr, H. E.; BURSTEN, B. E. **Química**: a ciência central. 9. ed., São Paulo: Pearson Prentice Hall, 2005. p. 938-939.

KARNATAKA, P. M. T. **Competition Science Vision**. n. 126, Pratiyogita Darpan, 2008. p. 755-759.

ATIVIDADE EXPERIMENTAL PROBLEMATIZADA (AEP)

TÉCNICAS BÁSICAS DE INSTRUMENTAÇÃO

AEP N.º 14

TÍTULO

Preparo de soluções aquosas de nitrato de prata em título, ppm e densidade: volume de solvente

FUNDAMENTAÇÃO TEÓRICA

O **nitrato de prata** ($AgNO_3$) é um sal de prata muito utilizado em laboratório como reagente dos íons cloreto (precipitado de cloreto de prata) e como ponto de partida para obtenção de outros sais de prata, além ser utilizado na fotografia convencional. Muito solúvel em água, decompõe-se sob ação da luz. É utilizado em farmácias sob o nome antigo de pedra infernal.

O traço característico de sua manipulação são os dedos manchados de negro. A solução de nitrato de prata é incolor e, ao entrar em contato com a pele, não a mancha imediatamente. A redução dos íons prata a prata metálica efetua-se lentamente, surgindo repentinamente como manchas negras muito fixas na pele. A maneira química de remover essas manchas é a seguinte: molham-se com solução de iodo as partes manchadas, formando-se iodeto de prata, que é facilmente solúvel em amoníaco, utilizado para remoção final das manchas.

MATERIAIS

- Balança analítica;
- balões volumétricos de 50 mL;
- bastão de vidro;
- béquer de 50 mL;
- papel absorvente;
- provetas de 50 mL;
- vidros de relógio.

REAGENTES

- Nitrato de prata ($AgNO_3$) sólido.

PROBLEMA(S) PROPOSTO(S)

Pode-se utilizar um mesmo soluto para a preparação de soluções de diferentes unidades de concentração. Entretanto, quando se dispõe de soluções que expressam sua concentração por unidades distintas, não se pode utilizar o valor adimensional como critério para determinação da solução mais diluída ou mais concentrada. Como essa informação pode ser demonstrada experimentalmente?

OBJETIVO EXPERIMENTAL

Realizar os cálculos necessários e utilizar procedimentos experimentais adequados ao preparo de soluções de concentrações distintas de nitrato de prata em diferentes volumes.

DIRETRIZES METODOLÓGICAS

- 1ª parte: Preparando 50 g de uma solução de $\tau = 0,1$ de nitrato de prata.

- 2ª parte: Preparando 50 g de uma solução 10^5 ppm de nitrato de prata.

- 3ª parte: Preparando 50 mL de uma solução de d = 1,025 g/mL de nitrato de prata.

- Realizar os devidos cálculos para preparação das soluções supracitadas.

- Medir a massa correspondente do sal para cada solução, em vidro de relógio ou copo de béquer de 50 mL.

- Transferir essa massa a um balão volumétrico, conforme a concentração e o volume a ser preparado da solução. Utilizar, para isso, papel em forma de cone (o balão volumétrico não é indispensável).

- Medir o volume necessário do solvente em uma proveta.
- Adicionar o solvente anteriormente medido ao balão volumétrico.
- Secar internamente o gargalo do balão com papel absorvente e bastão de vidro.
- Agitar o balão em movimentos verticais 12 vezes.
- Rotular as soluções preparadas conforme modelo representado na AEP n.º 12 (Figura 20).

QUESTÕES SUGERIDAS

1. Por que não há imprescindibilidade da utilização de balão volumétrico no preparo das soluções com concentração envolvendo o *título*, *partes por milhão* e *densidade*?

2. Equacione a fotossensibilidade do cloreto de prata.

3. Equacione as reações mencionadas de remoção do nitrato de prata da pele.

4. Qual foi a massa de soluto medida no preparo das soluções 1, 2 e 3?

5. Determinar a concentração comum para as três soluções preparadas.

6. Determinar a concentração molar para as três soluções preparadas.

7. Determinar a concentração normal para as três soluções preparadas.

8. Apresentar, em forma de quadro, os cálculos referentes às soluções preparadas.

9. Apresentar, em forma de quadro, a relação massa de soluto / volume de solução (padronizar o volume de cada solução em 1 mL a título comparativo).

10. Qual é a solução de maior concentração, dentre as preparadas?

REFERÊNCIAS

ATKINS, P.; JONES, L. **Princípios de química**: questionando a vida moderna e o meio ambiente. 5. ed. Porto Alegre: Bookman, 2012. p. 678.

GEISSINGER, H. D. The use of silver nitrate as a stain for scanning electron microscopy of arterial intima and paraffin sections of kidney. **Journal of Microscopy**, v. 95, 1972. p. 471-481.

VOGEL, A. **Vogel's macro and semimicro qualitative inorganic analysis**. 5. ed., Longman, 1979. p. 204-208.

AEP N.° 15

TÍTULO

Preparo de solução de ácido clorídrico

FUNDAMENTAÇÃO TEÓRICA

O cloreto de hidrogênio (HCl) é um gás na CNTP, mas quando está em uma mistura com a água, forma-se uma solução aquosa de ácido clorídrico ($HCl_{(aq)}$), que, por sua vez, é um ácido muito forte, volátil e corrosivo, tendo a sua concentração máxima comercializada em 37% (para uso laboratorial). Laboratorialmente, pode ser obtido mediante a reação entre cloreto de sódio (NaCl) e ácido sulfúrico (H_2SO_4) concentrado, de acordo com a Equação X.

$$H_2SO_4 + 2NaCl \rightarrow 2HCl + Na_2SO_4 \quad (X)$$

No comércio, o ácido clorídrico é popularmente conhecido como ácido muriático, tendo sua concentração muito menor e apresentando impurezas. É utilizado na remoção de cal em piso de construções e na limpeza de mármores.

O $HCl_{(aq)}$ está presente no nosso organismo, sendo um dos componentes do suco gástrico, que auxilia na degradação dos alimentos. O seu excesso no estômago pode estar associado à sensação de azia, por isso, recomenda-se o uso de antiácidos (leite de magnésia, bicarbonato de sódio etc.) para neutralizar parcialmente o seu efeito metabólico.

MATERIAIS

- Balão volumétrico de 100 mL;
- bastão de vidro;
- papel absorvente;
- pera de sucção;
- pipeta graduada 5 mL.

REAGENTES

- Ácido clorídrico (HCl) concentrado (37%).

PROBLEMA(S) PROPOSTO(S)

Soluções de ácido clorídrico são corriqueiras no laboratório de Química. Entretanto, esse ácido, sob CNTP, é gasoso, sendo sua manipulação e comercialização realizadas a partir de uma solução aquosa desse gás a 37%, como fator máximo de concentração permitido, ou seja, concentrado. Como, a partir do HCl concentrado (a 37%), pode ser obtida uma solução a 1 mol/L necessária à neutralização de uma base de metal alcalino de mesma concentração?

OBJETIVO EXPERIMENTAL

Preparar uma solução aquosa de ácido clorídrico a partir desse ácido a 37% (concentrado).

DIRETRIZES METODOLÓGICAS

- Deseja-se preparar 100 mL de uma solução aquosa 0,045 mol/L de ácido clorídrico. Tem-se como reagente de estoque uma solução desse ácido a 37% (concentrado), cuja densidade é 1,19 g/mL.

- Realizar os cálculos necessários para determinação do volume a ser utilizado de $HCl_{(conc)}$.

- Em um balão volumétrico de 100 mL, limpo e seco, adicionar cerca de 40 mL de água (ao utilizar ácidos concentrados, sempre preencher o fundo do recipiente inicialmente com água, adicionando o ácido sobre a água, e não o contrário).

- Transferir ao balão, a partir de uma pipeta graduada, o volume calculado de $HCl_{(conc)}$.

- Completar o volume do balão volumétrico com água destilada, inicialmente por meio de uma pisseta e posteriormente com auxílio de uma pipeta.

- Secar internamente o gargalo do balão com papel absorvente e bastão de vidro.

- Agitar a solução, por 12 vezes, em movimentos verticais.

- Rotular a solução (conforme orientação mostrada na AEP n.º 12; Figura 20) e armazená-la.

QUESTÕES SUGERIDAS

1. Representar os cálculos utilizados para a preparação da solução.

2. Determinar o volume desse ácido que deveria ser empregado no caso da preparação de soluções com as seguintes concentrações: (a) 0,2 g/L; (b) 0,2 mol/L e (c) 2 N.

3. Soluções líquidas concentradas de ácido clorídrico estão a 37%. Explique essa afirmação.

REFERÊNCIAS

FELTRE, R. **Química**: Química geral. v. 1, 6. ed., São Paulo: Moderna, 2004. p. 195.

GALVES JÚNIOR.; J. C.; GOÉS, D. T.; LIEGL, R. **Enciclopédia do estudante**: química pura e aplicada. 1. ed. São Paulo: Moderna, 2008. p. 143-144.

ATIVIDADE EXPERIMENTAL PROBLEMATIZADA (AEP)

TÉCNICAS BÁSICAS DE INSTRUMENTAÇÃO

AEP N.° 16

TÍTULO

Diluição de soluções

FUNDAMENTAÇÃO TEÓRICA

Uma nova solução pode ser preparada adicionando-se solvente a uma solução mais concentrada. Esse processo é denominado **diluição**.

A adição do solvente provoca um aumento no volume de solução, diminuindo sua concentração, porém, a quantidade do soluto permanece constante. Portanto, o volume e a concentração de uma solução são grandezas inversamente proporcionais.

Podemos prever qual será a concentração da solução após a diluição usando a seguinte expressão: $\mathbf{C_1V_1 = C_2V_2}$, onde, $\mathbf{C_1}$ e $\mathbf{V_1}$ representam, respectivamente, a concentração comum e volume da solução inicial, logo, $\mathbf{C_2}$ e $\mathbf{V_2}$ representam a concentração e volume da solução final (diluída).

No caso de outras unidades de concentração, o procedimento matemático é equivalente. Por exemplo, $\mathbf{M_1V_1 = M_2V_2}$, no caso da concentração molar, e $\mathbf{N_1V_1 = N_2V_2}$, no caso da concentração normal.

MATERIAIS

- Balança analítica;
- balão volumétrico de 100 e de 250 mL;
- bastão de vidro;
- papel absorvente;
- pera de sucção;
- pipeta volumétrica de 2 mL;

- béquer de 50 mL;

- tubos de ensaio e respectiva grade.

REAGENTES

- Sulfato de cobre penta-hidratado ($CuSO_4.5H_2O$) sólido.

PROBLEMA(S) PROPOSTO(S)

A redução da concentração de uma solução por acréscimo de solvente, ou seja, a diluição de soluções, é de fundamental importância ao laboratório e à indústria química. Ao se necessitar de uma nova solução, recomenda-se, inicialmente, verificar a existência de uma solução desse soluto em uma concentração maior à necessária, sendo que o processo de diluição é, na maioria das vezes, preferível à preparação de uma nova solução. Sendo assim, como devemos proceder para obter 100 mL de uma solução de cloreto de sódio de concentração 0,01 g/L a partir de uma solução desse sal à concentração de 1 mol/L?

OBJETIVO EXPERIMENTAL

Preparar e diluir, sucessivamente, uma solução aquosa de sulfato de cobre penta-hidratado.

DIRETRIZES METODOLÓGICAS

- 1ª parte: preparando 250 mL de uma solução aquosa 0,1 mol/L de $CuSO_4.5H_2O$.

- Realizar os devidos cálculos para preparação da solução supracitada.

- Medir a massa correspondente do sal para a preparação da solução em vidro de relógio ou copo de béquer de 50 mL.

- Transferir essa massa a um balão volumétrico, conforme a concentração e o volume a ser preparado da solução. Utilizar, para isso, papel em forma de cone.

- Adicionar água destilada ao soluto até solubilizá-lo completamente.

- Com auxílio de uma pisseta, completar o volume do balão.

- Secar internamente o gargalo do balão com papel absorvente e bastão de vidro.

- Agitar o balão em movimentos verticais 12 vezes.

- Rotular a solução preparada, conforme modelo proposto na AEP n.º 12 (Figura 20).

- 2ª parte: diluindo sucessivamente a solução preparada.

- Retirar da solução preparada, com auxílio de uma pipeta, 5 mL e transferir esse volume a um tubo de ensaio, acrescentando mesmo volume de água. Homogeneizar a solução.

- Repetir esse procedimento até que se tenham seis tubos de ensaio sucessivos de mesmo sal e de diferentes valores de concentração.

- Observar diferenças de coloração entre os tubos de ensaio (soluções).

- Calcular as concentrações molares em todos os sistemas pela expressão $M_1V_1 = M_2V_2$.

- Determinar as concentrações dos seis sistemas, em g/L e ppm.

- 3ª parte: obtendo outras unidades de concentração por diluição.

- A partir da solução inicial de $CuSO_4.5H_2O$ 0,1 mol/L, realizar os cálculos necessários e procedimentos-padrão para obtenção de:

- 100 mL de uma solução 0,023 mol/L do mesmo sal;

- 100 mL de uma solução 7,3 g/L do mesmo sal;

- 100 mL de uma solução 7000 ppm do mesmo sal.

QUESTÕES SUGERIDAS

1. O sulfato de cobre *anidro* apresenta-se como um sólido incolor; penta-hidratado trata-se de um sólido de coloração azul (ambos os casos, em CNTP). Explique essa diferença.

2. Sob a forma de quadro, represente os cálculos utilizados nesta AEP.

3. A uma amostra de 100 mL de NaOH de concentração 20 g/L foi adicionada água suficiente para completar 500 mL de solução. Qual é a concentração, em g/L, resultante?

4. Se adicionarmos 80 mL de água a 20 mL de uma solução 0,1 mol/L de KOH, obteremos uma solução de concentração molar igual a quanto?

REFERÊNCIAS

ATKINS, P.; JONES, L. **Princípios de química**: questionando a vida moderna e o meio ambiente. 5. ed. Porto Alegre: Bookman, 2012. p. 56-57.

PERUZZO, T. M.; CANTO, E. L. **Química**: volume único. 2. ed. São Paulo: Moderna, 2003. p. 146.

UNIDADE II

LEIS PONDERAIS E CÁLCULOS QUÍMICOS

AEP N.° 17

TÍTULO

Determinação da densidade de metais elementares

FUNDAMENTAÇÃO TEÓRICA

A **densidade** (ρ) é definida como a quantidade de massa (m) presente em uma unidade de volume (v) de uma substância, ou seja, trata-se da razão entre a massa (em *g*) e o volume (em *mL* ou *cm³*) de um objeto, de acordo com a expressão:

$$\rho = \frac{m}{v}$$

O valor dessa propriedade física é característico de cada substância, por isso, é muito utilizado para sua identificação.

A densidade é uma grandeza intensiva, pois quando a massa de um objeto dobra, seu volume também dobra, assim, a razão entre eles permanece constante.

Porém, os valores de densidades são dependentes da temperatura, porque uma substância, quando aquecida ou resfriada, pode variar seu volume, afetando assim sua densidade. Por isso, quando se refere a um valor de densidade, deve-se mencionar em qual temperatura esta foi determinada; geralmente usa-se 25 °C. Na Tabela 2 podemos ver os valores de densidade para algumas substâncias.

TABELA 2 – DENSIDADES DE ALGUMAS SUBSTÂNCIAS, A 25 °C

substância	ρ (g/mL)
ar	0,001
etanol	0,79
água	1,00
etilenoglicol	1,09
ferro	7,90
ouro	19,32

FONTE: Adaptado de Brown (2005).

MATERIAIS

- Balança analítica;
- pera de sucção;
- pipetas volumétricas;
- provetas.

REAGENTES

- Metais elementares no estado sólido (Fe, Cu, Zn, Sn, Al, Pb);
- pequenos fragmentos de ligas metálicas (botão, parafuso, *cobertura*).

PROBLEMA(S) PROPOSTO(S)

(a) Dispomos de peças metálicas distintas para confecção de uma peça de sustentação, sendo o grau de pureza o critério determinante para escolha do metal mais adequado. Assim, qual dos metais disponíveis deverá ser utilizado? (b) Desejamos conhecer uma composição possível e uma composição impossível para três ligas metálicas. Supondo-se que cada uma é composta pela combinação de apenas dois metais elementares, como essa questão poderá ser resolvida?

OBJETIVO EXPERIMENTAL

Por medição direta de massa e indireta de volume, determinar a densidade absoluta de fragmentos metálicos e de ligas metálicas no estado sólido.

DIRETRIZES METODOLÓGICAS

- 1ª parte: determinando a densidade dos metais.

- Separar três amostras distintas de cada metal; com auxílio de uma balança, determinar suas massas separadamente, anotando o resultado.

- Em uma proveta, adicionar determinado volume de água, com auxílio de uma pipeta volumétrica. Montar, dessa forma, três sistemas.

- Adicionar a cada sistema a respectiva amostra do metal de massa previamente medida, observando aumento do nível da água, o que caracteriza o volume do metal.

- Determinar o quociente massa (g) / volume (cm³) para cada um dos metais.

- Completar o Quadro 2, no qual são mostrados os valores teóricos para a densidade dos metais utilizados (em CNTP).

metal	m1	m2	m3	V1	V2	V3	d1	d2	d3	d *m*	d *TPE*	% *pureza*
	(g)			(cm³)			(g/cm³)					%
Fe											7,86	
Cu											8,96	
Zn											7,14	
Sn											7,30	
Al											2,70	
Pb											11,3	

QUADRO 2 – MASSAS E VOLUMES (MENSURADOS) PARA A DETERMINAÇÃO DA DENSIDADE DE DIFERENTES METAIS

FONTE: Os autores.

- 2ª parte: determinando a densidade das ligas.

- Separar três amostras distintas de cada liga; com auxílio de uma balança, determinar suas massas separadamente, anotando resultado.

- Em uma proveta, adicionar determinado volume de água, com auxílio de uma pipeta volumétrica. Montar dessa forma três sistemas.

- Adicionar a cada sistema respectiva amostra da liga metálica de massa previamente medida, observando aumento do nível da água, o que caracteriza seu volume.

- Determinar o quociente massa (g) / volume (cm^3) para cada uma das ligas.

- Completar o Quadro 3 (poderá se utilizar de outras ligas metálicas disponíveis).

				composição	
liga metálica	**massa (g)**	**volume (cm^3)**	**densidade (g/cm^3)**	**possível**	***impossível***
parafuso					
botão					
cobertura					

QUADRO 3 – MASSAS E VOLUMES (MENSURADOS) PARA A DETERMINAÇÃO DA DENSIDADE DE DIFERENTES LIGAS

FONTE: Os autores.

QUESTÕES SUGERIDAS

1. Realizar os cálculos de densidade para cada metal utilizado.

2. Montar uma tabela comparativa entre os resultados encontrados e os expressos na Tabela Periódica.

3. Calcular erros percentuais nos valores obtidos de densidade.

4. Apresentar hipóteses que justifiquem tais erros.

5. O que torna possível a identificação de metais em estado sólido pela densidade?

6. Qual é a principal diferença existente em uma medição de volume para um sólido simétrico e para um sólido assimétrico? Explique.

7. De que forma se poderá conhecer o metal de mais elevado grau de pureza, dentre os utilizados?

8. De que forma se poderá fornecer uma composição possível e uma composição impossível para cada uma das ligas metálicas utilizadas?

REFERÊNCIAS

ATKINS, P.; JONES, L. **Princípios de química**: questionando a vida moderna e o meio ambiente. 5. ed. Porto Alegre: Bookman, 2012. p. F8.

BROWN, T. L.; LEMAY JR, H. E.; BURSTEN, B. E. **Química**: a ciência central. 9. ed., São Paulo: Pearson Prentice Hall, 2005. p. 15.

KOTZ, J. C.; TREICHEL, P. M.; WEAVER, G. C. **Química geral e reações químicas**. v. 1, 6. ed., São Paulo: Cengage Learning, 2009. p. 18-19.

AEP N.° 18

TÍTULO

Funções inorgânicas

FUNDAMENTAÇÃO TEÓRICA

As substâncias químicas podem ser divididas em dois grandes grupos: as orgânicas e as inorgânicas, sendo este último caracterizado por não apresentar o elemento carbono em sua estrutura. Por sua vez, as substâncias orgânicas são todas aquelas que apresentam carbono, com exceção do dióxido de carbono, monóxido de carbono, grafite, diamante, ácido carbônico, ácido cianídrico, sais carbonatos e sais cianetos, que são consideradas inorgânicas.

A química inorgânica divide-se em quatro classes, ou funções inorgânicas, cujas características e propriedades se assemelham. Elas são: ácidos, bases, sais e óxidos.

Os ácidos são caracterizados por apresentar sabor azedo; quando dissolvidos em água, liberam prótons (H^+), reduzindo o valor de pH (em 7 para a água pura). Exemplo: HCl; ácido clorídrico.

As **bases** possuem sabor adstringente; quando dissolvidas em água, liberam ânions hidroxila (HO^-), aumentando o pH de 7. Exemplo: NaOH; hidróxido de sódio.

Os **sais** são compostos iônicos contendo um cátion oriundo de uma base e um ânion proveniente de um ácido. Exemplo: NaCl; cloreto de sódio.

Os óxidos são compostos binários contendo o elemento oxigênio como mais eletronegativo e outro elemento químico qualquer (com exceção do flúor). Exemplo: CO_2; dióxido de carbono. Além disso, os óxidos podem ser classificados em óxidos ácidos ou óxidos básicos, pois podem reagir com água, formando soluções ácidas e básicas, respectivamente. Exemplo de óxido ácido: SO_3; trióxido de enxofre. Exemplo de óxido básico: CaO; óxido de cálcio.

Pode-se, experimentalmente, identificar as quatro funções inorgânicas descritas com relativa precisão, em procedimentos laboratoriais corriqueiros, por elas comportarem-se de modo distinto sob algumas técnicas e manipulações. Por exemplo, ácidos liberam gás hidrogênio ($H_{2(g)}$) quando em presença de metal mais reativo do que o hidrogênio, bases fortes tornam a solução vermelha quando em presença do indicador fenolftaleína, e sais facilmente dão origem a reações de precipitação, quando reagem entre si e apresentam metais pesados em sua constituição.

MATERIAIS

- Béquer de 50 mL;
- canudo de refrigerante;
- fita medidora de pH;
- fósforos de segurança;
- pera de sucção;
- pipetas graduadas;
- tubos de ensaio e respectiva grade.

REAGENTES

- Ácido clorídrico (HCl) aquoso a 3 mol/L;
- hidróxido de sódio (NaOH) aquoso a 3 mol/L;
- nitrato de prata ($AgNO_3$) aquoso.
- ferro (Fe) pulverizado;
- fenolftaleína a 1%;

PROBLEMA(S) PROPOSTO(S)

A identificação experimental das funções inorgânicas é uma importante habilidade do químico. Ao se dispor de uma amostra desconhecida, representativa de uma substância inorgânica, quais recursos podemos utilizar para identificá-la como pertencente a um ácido, uma base, um sal ou um óxido?

OBJETIVO EXPERIMENTAL

Realizar procedimentos experimentais, tendo-se como reagentes principais compostos representativos das funções químicas inorgânicas.

DIRETRIZES METODOLÓGICAS

- 1ª parte: trabalhando com ácidos.

- Em um tubo de ensaio, adicionar 5 mL de solução aquosa de HCl a 3 mol/L.

- Adicionar a este uma pequena porção de limalha de ferro.

- Observar o desprendimento de $H_{2(g)}$ e testar sua inflamabilidade com um palito de fósforos em brasa colocado sobre a abertura do tubo. Cuidado nesta etapa!

- 2ª parte: trabalhando com bases.

- Em um tubo de ensaio, adicionar 5 mL de solução aquosa de NaOH a 3 mol/L.

- Fazer uma leitura do pH dessa solução.

- Adicionar a este três gotas de fenolftaleína e observar a coloração adquirida.

- Reservar essa solução.

- 3ª parte: trabalhando com sais.

- Em um tubo de ensaio, adicionar 3 mL de solução aquosa de HCl a 3 mol/L e 3 mL de solução aquosa de NaOH, de igual concentração.

- Agitar o sistema.

- Dividir a solução formada em três partes iguais, utilizando outros dois tubos de ensaio.

- No primeiro tubo, acrescentar limalha de ferro à solução e observar.

- No segundo tubo, adicionar 2 gotas de fenolftaleína e observar.

- No terceiro tubo, adicionar 2 mL de solução aquosa grosseira de $AgNO_3$ e observar a precipitação de cloreto de prata (AgCl).

- 4ª parte: trabalhando com óxidos.

- Retirar 1 mL da solução reservada (rósea) e transferi-la a um béquer de 50 mL.

- Diluir a solução ao fator 1×50, ou até a obtenção de uma coloração levemente rósea.

- Com auxílio de um canudo de refrigerante, soprar a solução formada até desaparecimento da coloração.

QUESTÕES SUGERIDAS

1. Representar as reações observadas nos experimentos por meio de equações.

2. Montar uma tabela informando como as funções inorgânicas podem ser teoricamente identificadas por meio de suas fórmulas moleculares.

3. Montar uma tabela informando como as funções inorgânicas podem ser experimentalmente identificadas.

4. Por que o ferro reage com o HCl em solução, liberando $H_{2(g)}$? Como se classifica essa reação?

5. Qual é o gás exalado pelo organismo humano e por que ele alterou o pH da solução no experimento envolvendo os óxidos?

6. Pesquisar: (a) regras de nomenclatura, classificações e propriedades para as funções inorgânicas e (b) principais ácidos, bases, sais e óxidos presentes no cotidiano e no meio industrial.

REFERÊNCIAS

ATKINS, P.; JONES, L. **Princípios de química**: questionando a vida moderna e o meio ambiente. 5. ed. Porto Alegre: Bookman, 2012. p. F22.

KOTZ, J. C.; TREICHEL, P. M.; WEAVER, G. C. **Química geral e reações químicas**. v. 1, 6. ed., São Paulo: Cengage Learning, 2009. p. 158-161.

PERUZZO, T. M.; CANTO, E. L. **Química**: volume único. 2. ed. São Paulo: Moderna, 2003. p. 71-92.

AEP N.° 19

TÍTULO

Principais reações da química inorgânica

FUNDAMENTAÇÃO TEÓRICA

Como vimos (AEP anterior), os compostos inorgânicos são classificados de acordo com suas funções, assim, conforme suas características, podem reagir entre si a partir de quatro principais tipos de reações químicas: **síntese**, **análise**, **deslocamento** ou **dupla-troca**.

Na reação de síntese ou de adição, temos dois ou mais reagentes, formando um único produto ou produtos de menor complexidade. Exemplo: **A + B → C**.

A reação de análise ou decomposição é caracterizada pela decomposição de um único reagente, ou de reagentes de maior complexidade, em dois ou mais produtos, ou em um produto de menor complexidade. Exemplo: **A → B + C**.

Na reação de simples-troca, substituição ou deslocamento, ocorre a troca de apenas um íon entre dois reagentes, formando-se dois produtos distintos. Exemplo: **AB + C → AC + B** ou **AB + C → CB + A**.

Por sua vez, na reação de dupla-troca, como o próprio nome sugere, ocorre a troca de dois íons entre os reagentes participantes, formando dois produtos distintos. Exemplo: **AB + CD → AD + BC** ou **AB + CD → AC + BD**.

Com relação à natureza inorgânica de reagentes e produtos, as principais reações específicas da química inorgânica estão descritas abaixo.

(1) ácido + base → sal + água
(2) ácido + óxido básico → sal + água
(3) $ácido_1$ + sal_1 → $ácido_2$ + sal_2
(4) ácido + metal → sal + H_2
(5) óxido básico + água → base
(6) $base_1$ + sal_1 → $base_2$ + sal_2
(7) base + óxido ácido → água + sal
(8) óxido ácido + óxido básico → sal
(9) óxido ácido + água → ácido
(10) metal + água → base

Verifica-se, desse modo, que muitas reações da química inorgânica obedecem a um padrão de previsibilidade no que se refere a reagentes e produtos.

MATERIAIS

- Balança analítica;
- béquer de 100 mL;
- cadinho de porcelana;
- kit tripé, tela de amianto e bico de Bunsen;
- imã;
- tubos de ensaio e respectiva grade.

REAGENTES

- Carbonato de cálcio ($CaCO_3$) sólido;
- sulfato de alumínio ($Al_2(SO_4)_3$) aquoso;
- enxofre (S_8) sólido;
- ferro (Fe) em limalha;
- hidróxido de sódio (NaOH) aquoso;
- sulfato de cobre penta-hidratado aquoso;
- zinco (Zn) em placas.

PROBLEMA(S) PROPOSTO(S)

As reações da química inorgânica obedecem a padrões teóricos bem definidos, admitindo classificações e subclassificações, de acordo com determinados critérios. No entanto, experimentalmente, nem sempre podemos identificar essas demarcações teóricas com facilidade.

Com relação às reações de síntese, análise, deslocamento e dupla troca, características da química inorgânica, de que forma podemos estabelecer caracterizações experimentais capazes de satisfatoriamente identificá-las?

OBJETIVO EXPERIMENTAL

Propor reações inorgânicas a partir de processos experimentais, como aquecimento e contato entre reagentes.

DIRETRIZES METODOLÓGICAS

- <u>1ª parte: propondo uma reação de síntese.</u>

- Medir 1 g de limalha de ferro e 1 g de enxofre.

- Com auxílio de um imã, testar o ferromagnetismo do ferro, quando misturado ao enxofre.

- Misturar novamente as substâncias e aquecer a mistura, em um cadinho de porcelana, sobre tela de amianto.

- Testar (inexistência do) ferromagnetismo da nova substância formada.

- Equacionar a reação no Quadro 4.

enxofre + ferro → sulfeto ferroso

QUADRO 4 – PROPOSTA DE EQUACIONAMENTO DE REAÇÃO

FONTE: Os autores.

- <u>2ª parte: propondo uma reação de análise.</u>

- Em um tubo de ensaio, adicionar 1 g de carbonato de cálcio sólido.

- Levar o tubo de ensaio ao aquecimento direto em bico de Bunsen, observando formação de nova substância e desprendimento de gás.

- Equacionar a reação, no Quadro 5.

carbonato de cálcio → óxido de cálcio + gás carbônico

QUADRO 5 – PROPOSTA DE EQUACIONAMENTO DE REAÇÃO

FONTE: Os autores.

- <u>3ª parte: propondo uma reação de deslocamento.</u>

- Em um copo de béquer de 100 mL, preparar 50 mL de uma solução aquosa grosseira de sulfato de cobre (penta-hidratado).

- Introduzir na solução uma placa de zinco, de modo que aproximadamente 50% desta fiquem submersas na solução.

- Observar, dentro de alguns minutos, o surgimento de um depósito avermelhado de cobre sobre a lâmina de zinco.

- Equacionar a reação, no Quadro 6.

sulfato de cobre + zinco → sulfato de zinco + cobre

QUADRO 6 – PROPOSTA DE EQUACIONAMENTO DE REAÇÃO

FONTE: Os autores.

- <u>4ª parte: propondo uma reação de dupla-troca.</u>

- Em um tubo de ensaio, adicionar 2 mL de solução aquosa grosseira de hidróxido de sódio.

- Repetir a operação, em outro tubo, adicionando solução aquosa grosseira de sulfato de alumínio.

- Em um dos tubos, misturar as duas soluções e observar floculação seguida por precipitação de hidróxido de alumínio.

- Equacionar a reação no Quadro 7.

hidróxido de sódio + sulfato de alumínio → hidróxido de alumínio + sulfato de sódio

QUADRO 7 – PROPOSTA DE EQUACIONAMENTO DE REAÇÃO

FONTE: Os autores.

QUESTÕES SUGERIDAS

1. Representar um exemplo teórico para cada uma das equações genéricas propostas abaixo:

(a) ácido + base → sal + água

(b) ácido + óxido básico → sal + água

(c) $\text{ácido}_1 + \text{sal}_1 \rightarrow \text{ácido}_2 + \text{sal}_2$

(d) ácido + metal → sal + H_2

(e) óxido básico + água → base

(f) $base_1$ + sal_1 → $base_2$ + sal_2

(g) base + óxido ácido → água + sal

(h) óxido ácido + óxido básico → sal

(i) óxido ácido + água → ácido

(j) metal + água → base

2. Como se pode evidenciar a ocorrência das reações químicas experimentalmente trabalhadas?

3. Pesquisar e aprofundar conceitos em reações inorgânicas de síntese, análise, deslocamento e dupla-troca.

- Com base nas equações químicas abaixo:

(a) $H_2SO_4 + Ca(OH)_2 \rightarrow CaSO_4 + H_2O$

(b) $BaO + HCl \rightarrow BaCl_2 + H_2O$

(c) $K_2O_2 + HI \rightarrow KI + H_2O_2$

(d) $SrO + CO_2 \rightarrow SrCO_3$

(e) $NaH + HNO_3 \rightarrow NaNO_3 + H_2O$

(f) $KOH + SO_3 \rightarrow K_2SO_4 + H_2O$

(g) $ZnS + O_2 \rightarrow ZnO + SO_2$

(h) $Br_2O_3 + H_2SO_4 \rightarrow Br_2(SO_4)_3 + H_2O$

(i) $NaOH + CuSO_4 \rightarrow Na_2SO_4 + Cu(OH)_2$

(j) $KMnO_4 + HCl \rightarrow MnCl_2 + KCl + H_2O + Cl_2$

(l) $HCl + Br_2 \rightarrow HBr + Cl_2$

(m) $HNO_3 + I_2 \rightarrow HIO_3 + NO + H_2O$

4. Classificá-las, como síntese, análise, deslocamento ou dupla--troca.

5. Ajustar seus coeficientes.

6. Identificar a função inorgânica (ácido, base, sal ou óxido) para cada reagente e produto.

7. Representar a nomenclatura para reagentes e produtos.

8. Identificar reações químicas de oxirredução.

REFERÊNCIAS

FELTRE, R. **Química**: Química geral. v. 1, 6. ed., São Paulo: Moderna, 2004. p. 242-245.

PERUZZO, T. M.; CANTO, E. L. **Química**: volume único. 2. ed. São Paulo: Moderna, 2003. p. 94-95.

AEP N.º 20

TÍTULO

Condutividade elétrica e fusão de compostos iônicos e moleculares

FUNDAMENTAÇÃO TEÓRICA

Compostos são substâncias formadas por dois ou mais elementos químicos distintos, em que esses átomos estão em uma proporção definida. Eles podem ser classificados como molecular, se forem formados por moléculas, ou iônicos, se forem constituídos por íons.

Uma molécula é caracterizada como um agrupamento de átomos unidos por ligações covalentes, logo, um **composto molecular** é formado por moléculas eletricamente neutras. A maioria dos compostos moleculares existentes contém apenas elementos não metálicos.

Um íon pode ser um átomo ou um grupo destes, com carga positiva ou negativa, sendo um **composto iônico** aquele formado por íons, em uma proporção tal que a carga elétrica total resultante será neutra. Geralmente, é formado mediante combinações de metais com não metais, isso porque normalmente os cátions são metálicos e os ânions não metálicos.

MATERIAIS

- Balança analítica;
- bastão de vidro;
- lâmina de cobre;
- lâmpada de 3 V com soquete;

- béquer de 50 mL;
- pilhas de 1,5 V;
- cadinho de porcelana;
- prendedor de madeira;
- kit tripé, tela de amianto e bico de Bunsen;
- triângulo de porcelana.
- fio de cobre de aproximadamente 2 mm de diâmetro;

REAGENTES

- Água destilada;
- cloreto de sódio (NaCl) sólido;
- cloreto de zinco ($ZnCl_2$) anidro;
- enxofre (S_8) sólido;
- sacarose sólida;
- sulfato de cobre penta-hidratado sólido.
- sulfato de alumínio ($Al(SO_4)_3$) sólido;

PROBLEMA(S) PROPOSTO(S)

Conforme seu comportamento experimental, podemos distinguir compostos químicos de natureza iônica de compostos de natureza molecular. Dessa forma, (a) como essas substâncias se comportam ao serem aquecidas e submetidas a uma corrente elétrica?; (b) Por que, normalmente, compostos moleculares são mais resistentes ao choque mecânico do que compostos iônicos?

OBJETIVO EXPERIMENTAL

Propor sistemas experimentais para aquecimento e verificação de condução elétrica em compostos químicos nos estados sólido, líquido e quando em solução.

DIRETRIZES METODOLÓGICAS

- <u>1ª parte: diferenciando substâncias pelo aquecimento.</u>

- Obter 1 g de sacarose, cloreto de sódio, enxofre, sulfato de cobre, sulfato de alumínio; todos sólidos.

- Aquecer cada um dos materiais separadamente em um cadinho de porcelana.

- Sabendo que os compostos iônicos possuem elevado ponto de fusão, classificar cada uma das substâncias utilizadas como iônica ou molecular.

- 2ª parte: diferenciando substâncias pela condutividade elétrica.

a) No estado sólido e em meio aquoso:

- Rotular três copos de béqueres de 50 mL cada.

- Adicionar ao béquer 1 cerca de 30 mL de água; ao béquer 2, cerca de 5 g de sal de cozinha e, ao béquer 3, cerca de 5 g de sacarose.

- Introduzir os terminais do circuito ao béquer 1, conforme mostra a Figura 22.

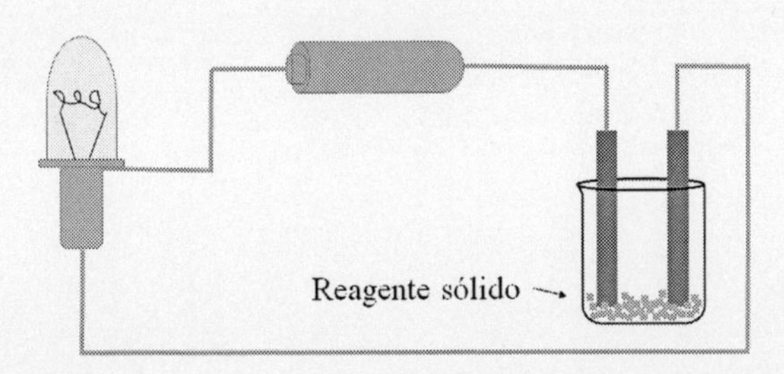

FIGURA 22 – REPRESENTAÇÃO DE UM CIRCUITO INTERLIGADO POR UM REAGENTE SÓLIDO
FONTE: Os autores.

- Prender os eletrodos na borda do béquer com pregadores.

- Observar a lâmpada.

- Da mesma forma, introduzir os terminais do circuito e observar a lâmpada.

- Lavar as lâminas de cobre e repetir a operação utilizando o béquer 3.

- Colocar nos béqueres 2 e 3 cerca de 30 mL de água.

- Agitar com o bastão de vidro até dissolver os sólidos e introduzir os eletrodos no sistema (Figura 23).

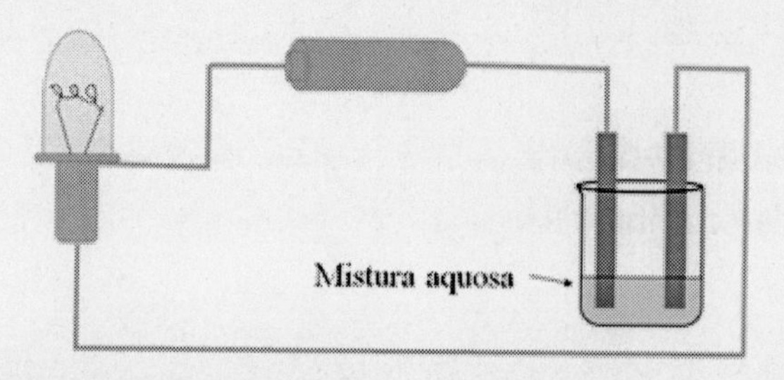

FIGURA 23 – REPRESENTAÇÃO DE UM CIRCUITO INTERLIGADO POR UMA MISTURA
FONTE: Os autores.

b) No estado sólido e fundido:

- colocar cerca de 20 g de cloreto de zinco anidro num cadinho de porcelana.

- Montar o sistema, de acordo com a Figura 24.

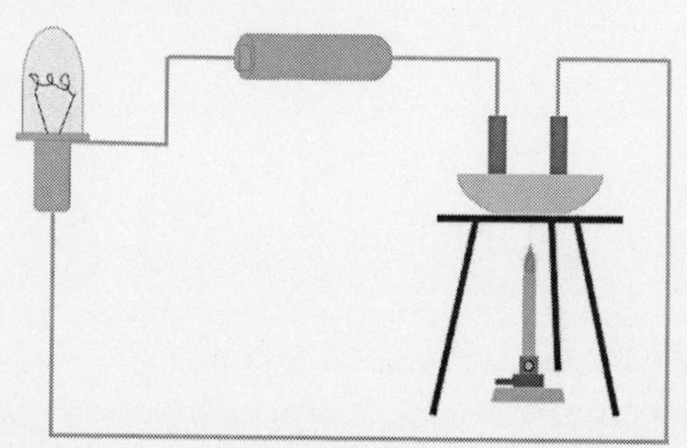

FIGURA 24 – REPRESENTAÇÃO DE UM CIRCUITO INTERLIGADO POR UMA SUBSTÂNCIA SÓLIDA FUNDIDA
FONTE: Os autores.

- Introduzir os eletrodos na massa sólida de cloreto de zinco.

- Observar a lâmpada.

- Aquecer o sistema brandamente, utilizando o bico de Bunsen, evitando o aquecimento excessivo a fim de impedir que a substância seja projetada para fora do cadinho.

- Aguardar a fusão do composto e observar o comportamento da lâmpada.

- Desligar o bico de Bunsen, deixando o cloreto de zinco solidificar.

- Observar a lâmpada novamente.

QUESTÕES SUGERIDAS

1. A água destilada conduziu corrente elétrica? Justifique.

2. O sal de cozinha dissolvido em água conduziu corrente elétrica? Justifique.

3. O açúcar dissolvido em água conduziu corrente elétrica? Justifique.

4. Nos experimentos com cloreto de zinco sólido e com sacarose sólida, a lâmpada acendeu? Por quê?

5. O que aconteceu com a lâmpada durante o experimento com o cloreto de zinco: (a) no momento em que se iniciou o aquecimento, (b) quando o composto fundiu e (c) quando o composto esfriou?

6. Explique: (a) por que compostos iônicos, apesar de possuírem elevado ponto de fusão, apresentam-se quebradiços e (b) por que compostos moleculares normalmente são mais resistentes ao choque mecânico do que compostos iônicos.

REFERÊNCIAS

ATKINS, P.; JONES, L. **Princípios de química**: questionando a vida moderna e o meio ambiente. 5. ed. Porto Alegre: Bookman, 2012. p. F22-F25.

BROWN, T. L.; LEMAY JR, H. E.; BURSTEN, B. E. **Química**: a ciência central. 9. ed., São Paulo: Pearson Prentice Hall, 2005. p. 43-50.

AEP N.° 21

TÍTULO

Indicadores ácido-base naturais e sintéticos

FUNDAMENTAÇÃO TEÓRICA

Indicadores são substâncias químicas, líquidas ou em tiras de papel, que apresentam uma **coloração A** em meio ácido e uma **coloração B** em meio básico. Sendo assim, podem indicar o ponto de equivalência de uma reação químico-analítica, ou simplesmente indicar o pH de uma solução a partir da mudança de coloração.

Porém, cada tipo de indicador tem seu ponto de viragem característico, como podemos observar na Tabela 3.

TABELA 3 - PRINCIPAIS INDICADORES ÁCIDO-BASE UTILIZADOS E SUAS CARACTERÍSTICAS

indicador	faixa de pH da mudança de cor	cor da forma	
		Ácida	**Básica**
azul de timol*	1,2 – 2,8	vermelho	amarelo
alaranjado de metila	3,2 – 4,4	vermelho	amarelo
azul de bromofenol	3,0 – 4,6	amarelo	azul
verde de bromocresol	3,8 – 5,4	amarelo	azul
vermelho de metila	4,8 – 6,0	vermelho	amarelo
tornassol	5,0 – 8,0	vermelho	azul
azul de bromotimol	6,0 – 7,6	amarelo	azul
azul de timol*	8,0 – 9,6	amarelo	azul

fenolftaleína	8,2 – 10,0	incolor	cor-de-rosa
amarelo de alazarina R	10,1 – 12,0	amarelo	vermelho
alazarina	11,0 – 12,4	vermelho	violeta

* Possui dois pontos de viragem.

FONTE: Adaptado de Atkins (2012).

Algumas substâncias naturais podem ser utilizadas com eficiência como indicadores químicos, como é o caso do repolho roxo, da beterraba, e de pétalas de rosas vermelhas, pois apresentam moléculas denominadas antocianinas, que são responsáveis por essa propriedade.

MATERIAIS

- Almofariz e pistilo;
- pipeta graduada ou volumétrica de 5 mL;
- frascos para armazenagem de reagentes;
- sistema para filtração comum gravitacional;
- kit tripé, tela de amianto e bico de Bunsen;
- tubos de ensaio e respectiva grade.
- pera de sucção;

REAGENTES

- Ácido clorídrico (HCl) aquoso a 1 mol/L;
- fenolftaleína a 1%;
- água destilada;
- hidróxido de sódio (NaOH) aquoso a 1 mol/L;
- bromotimol em solução aquosa grosseira;
- metilorange (alaranjado de metila) aquoso;
- chá de frutas ou flores vermelhas;
- etanol;
- pétalas de rosas;
- repolho roxo.

PROBLEMA(S) PROPOSTO(S)

A identificação de substâncias ácidas e básicas pode ser feita por meio de indicadores universais, como é o caso, por exemplo, da fenolftaleína, que se apresenta incolor em meio ácido e rósea em meio básico, quando o pH da solução supera o valor de 8,2. Entretanto, podemos utilizar de substâncias cotidianas com esse mesmo propósito, tais como amostras de chá, algumas espécies de flores e o repolho roxo. Sendo assim, qual deverá ser a coloração de uma limonada ao ser tratada com alguns mililitros de uma solução alcoólica de repolho roxo?

OBJETIVO EXPERIMENTAL

Produzir indicadores ácido-base e testar indicadores diversos em soluções de ácidos e bases.

DIRETRIZES METODOLÓGICAS

- 1ª parte: preparando os indicadores.

- Separadamente, macerar em almofariz algumas pétalas de rosas e folhas de repolho roxo.

- Adicionar alguns mililitros do álcool aos sistemas e filtrá-los.

- Armazenar os indicadores em frascos apropriados.

- Extrair, em meio aquoso, a quente, os pigmentos das amostras de chá e armazená-los.

- Formar-se-ão, assim, três indicadores naturais.

- 2ª parte: testando os indicadores.

- Dispor, em uma grade, seis tubos de ensaio em uma linha e seis tubos de ensaio em outra, identificando-os.

- Adicionar a cada um dos tubos da primeira linha 5 mL de solução de $HCl_{(aq)}$ 1 mol/L.

- Aos tubos da segunda linha, repetir o procedimento, utilizando solução de $NaOH_{(aq)}$ 1 mol/L.

- Utilizando sempre duas gotas, adicionar o mesmo indicador respectivamente a uma amostra ácida e a uma amostra básica.

- Dessa forma, utilizar os seis indicadores (três sintéticos e os três produzidos).

- Verificar e anotar a coloração obtida pelas soluções no Quadro 8.

	fenolftaleína	azul de bromotimol	metilorange	pétalas de rosas	repolho roxo	amostra de chá
ácido						
base						

QUADRO 8 – COLORAÇÃO OBTIDA COM O USO DE DIFERENTES INDICADORES ÁCIDO-BASE

FONTE: Os autores.

- 3ª parte: identificando uma amostra desconhecida.

- Retirar 5 mL de uma amostra de natureza ácido/básica desconhecida e transferi-la a um tubo de ensaio.

- Realizar testes, com pelo menos três indicadores distintos, para identificá-la quanto a pertencer à função ácido ou base.

QUESTÕES SUGERIDAS

1. Todos os indicadores mostraram-se eficientes na identificação da acidez ou basicidade? Caso resposta negativa, informe sua razão.

2. A fenolftaleína poderia ser utilizada na identificação da chuva ácida? Justifique.

3. Qualquer base pode ser identificada pela fenolftaleína? Explique.

4. Representar a estrutura química da fenolftaleína em meio ácido e em meio básico, relacionando a resposta à sua alteração de coloração.

REFERÊNCIAS

ATKINS, P.; JONES, L. **Princípios de química**: questionando a vida moderna e o meio ambiente. 5. ed. Porto Alegre: Bookman, 2012. p. 492-493.

BROWN, T. L.; LEMAY Jr, H. E.; BURSTEN, B. E. **Química**: a ciência central. 9. ed., São Paulo: Pearson Prentice Hall, 2005. p. 575.

AEP N.° 22

TÍTULO

Ionização + dissociação = neutralização

FUNDAMENTAÇÃO TEÓRICA

A reação de um ácido com uma base é denominada reação de neutralização, porque se as duas substâncias reagirem em quantidades estequiométricas adequadas, desaparecerá o caráter ácido ou básico de cada uma na solução resultante, formando-se produtos neutros. Por exemplo: a reação entre 1 mol de HCl e 1 mol de NaOH produz 1 mol de NaCl, e também 1 mol de H_2O, de acordo com a Equação XI.

$$HCl_{(aq)} + NaOH_{(aq)} \rightarrow NaCl_{(aq)} + H_2O_{(l)} \qquad (XI)$$

Há ácidos fortes e ácidos fracos. Ácidos fortes são aqueles que, quando dissolvidos em água, liberam íon H^+ com facilidade, ou seja, um ácido como HCl, quando dissolvido, tem a molécula separada em íons, liberando H^+ e Cl^-. Resta muito pouco da espécie HCl em solução, pois a maior parte se separa para gerar os íons, conforme a Equação XII (de acordo com a teoria de Arrhenius, a qual será considerada nas demais equações desta AEP).

$$HCl_{(aq)} \rightarrow H^+_{(aq)} + Cl^-_{(aq)} \qquad (XII)$$

O ácido acético (o vinagre é uma solução de ácido acético em água, em torno de 5%) é um ácido fraco (assim como a maioria dos ácidos orgânicos), ou seja, quando dissolvido em água, sua maior parte permanece na forma molecular e só uma pequena fração se ioniza para gerar os íons H^+ e CH_3COO^-. A Equação XIII ilustra a ionização aquosa do ácido acético.

$$CH_3COOH_{(aq)} \rightleftharpoons CH_3COO^-_{(aq)} + H^+_{(aq)} \quad (XIII)$$

Uma base forte se dissocia completamente, liberando íons OH^- em solução e restando muito pouco da espécie molecular. Por exemplo: o NaOH é uma base forte e em solução gera os íons Na^+ e OH^-, conforme mostra a Equação XIV.

$$NaOH_{(aq)} \rightarrow Na^+_{(aq)} + HO^-_{(aq)} \quad (XIV)$$

Uma base fraca também libera íons OH^- quando dissolvida em água, mas, nesse caso, ainda restam em solução muitas moléculas não dissociadas da base. Por exemplo: o hidróxido de amônio, que é uma base fraca, dissocia-se pouco, restando muito da espécie NH_4OH em solução, conforme a Equação XV.

$$NH_4OH_{(aq)} \rightleftharpoons NH_4^+{}_{(aq)} + HO^-_{(aq)} \quad (XV)$$

Para um ácido fraco neutralizar completamente uma base forte, em concentração semelhante, é necessário adicionar grande quantidade de ácido, porque só uma parte se ioniza para gerar íons H^+, que são os responsáveis pela neutralização da base. Por exemplo: se pretendemos neutralizar uma solução de hidróxido de sódio, que é uma base forte, com uma solução de ácido acético, de concentração semelhante, devemos adicionar grande quantidade de solução de ácido acético à solução da base para que a neutralização da base seja completa.

De maneira semelhante, para um ácido forte ser completamente neutralizado por uma base fraca, é necessário acrescentar grande quantidade da base, porque ela se dissocia pouco e só uma pequena proporção das moléculas em solução fornece íons OH^- que irão efetivamente reagir com o ácido e neutralizá-lo.

Na neutralização de um ácido fraco por uma base fraca, ou vice-versa, de concentrações semelhantes, como o ácido fraco gera poucos íons H^+ e a base libera poucos íons OH^- em solução, a neutralização total pode ser obtida com quantidades relativamente semelhantes das duas espécies. O mesmo se dá, com relação aos volumes necessários, ao utilizar-se de soluções de ácidos e de bases fortes.

Portanto, os ácidos sofrem em água o processo de **ionização**, pois são compostos moleculares e seus íons são criados quando dissolvidos em água. Por outro lado, as bases sofrem uma **dissociação**, pois são compostos iônicos e ocorre a separação dos íons quando dissolvidas em água. Uma reação entre ácido e base, a qual é precedida por uma ionização e por uma dissociação, recebe a denominação de **neutralização**, e poderá ser total ou parcial, conforme a força de acidez e de basicidade das espécies que reagem (além de outros fatores).

MATERIAIS

- Balão volumétrico de 50 e de 100 mL;
- balões de borracha;
- erlenmeyers;
- papel filtro;
- pera de sucção;
- pipeta graduada de 1 mL;
- tubos de ensaio e respectiva grade.

REAGENTES

- Ácido acético aquoso a 1 mol/L;
- ácido clorídrico (HCl) aquoso a 1 mol/L;
- hidróxido de amônio (NH_4OH) aquoso 1 mol/L;
- ácido oxálico aquoso a 1 mol/L;
- hidróxido de sódio (NaOH) aquoso a 1 mol/L;
- ácido sulfúrico (H_2SO_4) aquoso 1 mol/L;
- água destilada;
- fenolftaleína a 1%;
- magnésio (Mg) em fitas.

PROBLEMA(S) PROPOSTO(S)

As forças de acidez e de basicidade e a neutralização são fenômenos químicos intrinsecamente relacionados e dependentes. À medida que aumenta a força de acidez, proporcionalmente aumenta sua capacidade de neutralizar bases, e vice-versa. Assim, experimentalmente, como se podem comparar dois ou mais ácidos quanto ao seu grau de ionização (força de acidez), e de que forma podemos afirmar que uma base foi completamente neutralizada?

OBJETIVO EXPERIMENTAL

Realizar técnicas envolvendo a ionização, a dissociação e a neutralização, a partir da dissolução aquosa e do contato entre reagentes.

DIRETRIZES METODOLÓGICAS

- 1ª parte: preparando as soluções.

- Preparar 50 mL de soluções aquosas das bases NaOH e NH_4OH à concentração de 1 mol/L cada e 100 mL de solução de mesma concentração e mesmo solvente dos ácidos acético, oxálico, HCl e H_2SO_4.

- Utilizar, para isso, procedimento padrão (ver AEP n.º 12).

- 2ª parte: verificando a força de acidez.

- Pipetar para três erlenmeyers distintos 25 mL de cada uma das soluções ácidas preparadas anteriormente.

- Inflar e desinflar quatro balões de borracha. Repetir a operação três vezes para tornar os balões menos resistentes. Feito isso, deixar os balões vazios.

- Medir aproximadamente 1 cm de fita de Mg; envolver cada uma em um papel filtro, frouxamente.

- Depositar no interior do frasco o *pacotinho* preparado de Mg e prender imediatamente o balão na boca do erlenmeyer, tomando cuidado para não escapar o gás liberado.

- Agitar lentamente os frascos para que o magnésio entre em contato com o ácido.

- Relacionar as observações com os graus de ionização teóricos (α) dos ácidos listados na Tabela 4, completando-a com relação à fórmula molecular de cada ácido.

TABELA 4 – FÓRMULA MOLECULAR E GRAUS DE IONIZAÇÃO (A) DE ALGUNS ÁCIDOS

	ácido clorídrico	ácido sulfúrico	ácido oxálico	ácido acético
FM				
α	0,91	0,64	0,13	0,013

FONTE: Os autores.

- 3ª parte: propondo reações de neutralização.

a) Entre ácido forte e base forte:

- Em um tubo de ensaio, adicionar 5 mL de solução aquosa de HCl 1 mol/L e duas gotas de fenolftaleína.

- Adicionar à solução do ácido 5 mL de solução aquosa de NaOH 1 mol/L.

- Homogeneizar a solução.

- Observar coloração adquirida pela solução; anotar observações.

b) Entre ácido fraco e base fraca:

- Em um tubo de ensaio, adicionar 5 mL de solução aquosa de ácido acético 1 mol/L e duas gotas de fenolftaleína.

- Adicionar à solução do ácido 5 mL de solução aquosa de NH_4OH 1 mol/L.

- Homogeneizar a solução.

- Observar a coloração adquirida pela solução; anotar observações.

c) Entre ácido forte e base fraca:

- Em um tubo de ensaio, adicionar 5 mL de solução aquosa de HCl 1 mol/L e duas gotas de fenolftaleína.

- Adicionar à solução do ácido 5 mL de solução aquosa de NH_4OH 1 mol/L.

- Homogeneizar a solução.

- Observar a coloração adquirida pela solução; anotar observações.

- Continuar a adição de NH_4OH, com auxílio de uma pipeta graduada de 1 mL, até mudança de coloração da solução; anotar volume adicional utilizado de NH_4OH.

d) Entre base forte e ácido fraco:

- Em um tubo de ensaio, adicionar 5 mL de solução aquosa de NaOH 1 mol/L e duas gotas de fenolftaleína.

- Adicionar à solução da base 5 mL de ácido acético 1 mol/L (solução aquosa).

- Homogeneizar a solução.

- Observar a coloração adquirida pela solução; anotar observações.

- Continuar a adição de ácido acético, com auxílio de uma pipeta graduada de 1 mL, até mudança de coloração da solução; anotar volume adicional utilizado do ácido.

QUESTÕES SUGERIDAS

1. Conceituar os processos de ionização e de dissociação, propondo exemplos.

2. O que representa uma neutralização e quais são os produtos formados?

3. Enumerar algumas regras teóricas para avaliação da força de acidez, e para a força de basicidade.

4. O que representa o grau de ionização de um ácido e como este se relaciona à sua força de acidez?

5. O que representa o grau de dissociação de uma base e como este se relaciona à sua força de basicidade?

6. Equacionar as reações positivas e elaborar seis conclusões acerca dos procedimentos experimentais tratados nesta AEP.

REFERÊNCIAS

FELTRE, R. **Química**: Química geral. v. 1, 6. ed., São Paulo: Moderna, 2004. p. 191-193/198-199/202-203.

PERUZZO, T. M.; CANTO, E. L. **Química**: volume único. 2. ed. São Paulo: Moderna, 2003. p. 73-74.

AEP N.° 23

TÍTULO

Reatividade química

FUNDAMENTAÇÃO TEÓRICA

Na Química, a reatividade de uma substância está relacionada com a sua capacidade de reagir na presença de outras substâncias. De forma geral, essa tendência depende de grandezas termodinâmicas e/ou cinéticas, mas qualitativamente podemos constatá-la.

A **reatividade química** dos **metais** varia com a eletropositividade, logo, quanto mais eletropositivo for o elemento, mais reativo será o metal. Os metais mais reativos são aqueles que possuem grande tendência a perder elétrons, logo, formam íons positivos (cátions) com maior facilidade.

Por exemplo: colocando-se uma lâmina de ferro em uma solução de sulfato de cobre (II) (coloração azul), verifica-se que esta fica recoberta por uma camada de um metal avermelhado (o cobre). Por outro lado, a solução fica amarela (solução de sulfato de ferro II). Ocorre, pois, uma reação química, que pode ser representada pela Equação XVI.

$$Fe_{(s)} + CuSO_{4(aq)} \rightarrow FeSO_{4(aq)} + Cu_{(s)} \qquad \text{(XVI)}$$

A partir dessas constatações, verifica-se que o ferro é mais reativo do que o cobre, pois o desloca de seu composto, dando origem a um sal ferroso.

Por meio de reações desse tipo, colocam-se os metais em ordem decrescente de reatividade química, o que é mostrado no Quadro 9.

(+)K>Ba>Ca>Na>Mg>Al>Zn>Fe>H> Cu>Hg>Ag>Au(-)

QUADRO 9 – ORDEM DECRESCENTE DE REATIVIDADE DE ALGUNS METAIS DA TABELA PERIÓDICA

FONTE: Adaptado de Feltre (2004).

A **reatividade química** dos **não metais** varia com a eletronegatividade; logo, quanto mais eletronegativo for o elemento, mais reativo será o não metal. Os não metais mais reativos são aqueles que possuem grande tendência a receber elétrons, logo, formam íons negativos (ânions) com maior facilidade. Os não metais também podem ser organizados de acordo com sua reatividade, conforme é mostrado no Quadro 10.

(+)F>O>N>Cl>Br>I>S>C>P(-)

QUADRO 10 – ORDEM DECRESCENTE DE REATIVIDADE DE ALGUNS NÃO METAIS DA TABELA PERIÓDICA

FONTE: Adaptado de Feltre (2004).

Na primeira parte deste experimento, serão observadas algumas reações de oxirredução que envolvem metais e íons metálicos. Analisando os resultados, poderão ser determinadas qualitativamente as forças relativas dos metais como agentes redutores (tendência de perder elétrons, oxidando-se) e dos íons metálicos como agentes oxidantes (tendência de ganhar elétrons, reduzindo-se). A equação genérica envolvida nesse processo está equacionada em XVII (para metais bivalentes).

$$\mathbf{M_{(s)} \rightleftharpoons M^{2+}_{(aq)} + 2\ el\acute{e}trons} \qquad \text{(XVII)}$$

Na segunda parte deste experimento, será proposta uma comparação semelhante referente ao poder oxidante relativo de três elementos não metálicos do grupo 17 da tabela periódica (halogênios): cloro, bromo e iodo. Nesse caso, será determinado qual molécula (Cl_2, Br_2 ou I_2) é capaz de remover elétrons dos íons haletos (Cl^-, Br^- e I^-) e assim dispô-los em ordem crescente de facilidade de oxidação. A semiequação entre íons haletos e o halogênio elementar, em sua dimensão genérica, é mostrada na Equação XVIII.

$$\mathbf{2X^-_{(aq)} \rightleftharpoons X_{2(s,l,g)} + 2\ el\acute{e}trons} \qquad \text{(XVIII)}$$

Portanto, verifica-se uma reação de deslocamento, tanto com relação à reatividade metálica (associada à eletropositividade), como com relação à reatividade não metálica (associada à eletronegatividade).

MATERIAIS

- Béquer de 50 mL;
- pipetas graduadas;
- rolhas para tubos de ensaio;
- pera de sucção;
- tubos de ensaio e respectiva grade.

REAGENTES

- Água de bromo;
- iodeto de sódio (NaI) aquoso a 0,1 mol/L;
- água de cloro;
- iodo (I_2) sólido;
- brometo de sódio (NaBr) aquoso 0,1 mol/L;
- nitrato de cobre I ($Cu(NO_3)_2$) aquoso 0,1 mol/L;
- cloreto de sódio (NaCl) aquoso 0,1 mol/L;
- nitrato de ferro II ($Fe(NO_3)_2$) aquoso 0,1 mol/L;
- cobre (Cu) em placa;
- nitrato de zinco ($Zn(NO_3)_2$) aquoso a 0,1 mol/L;
- etanol;
- tetracloreto de carbono (CCl_4);
- ferro (Fe) em placa;
- zinco (Zn) em placa.

PROBLEMA(S) PROPOSTO(S)

A reatividade química determina a direção de todas as reações químicas do laboratório, da indústria e de nosso cotidiano. O enferrujamento de uma grade de ferro exposto à ação climática e a estabilidade química da platina ao ser utilizada em procedimentos cirúrgicos nos demonstra, por exemplo, ser o ferro mais reativo do que a platina. Assim, de que modo podemos elaborar uma ordem crescente de reatividade metálica?

OBJETIVO EXPERIMENTAL

Realizar reações químicas em meio aquoso a partir do contato direto entre reagentes.

DIRETRIZES METODOLÓGICAS

- 1ª parte: testando a reatividade metálica.

- Obter placas ou fitas pequenas e limpas dos metais Zn, Cu e Fe. Providenciar, também, as seguintes soluções, todas aquosas à concentração de 0,1 mol/L: $Zn(NO_3)_2$, $Cu(NO_3)_2$ e $Fe(NO_3)_2$.

- Propor as combinações mostradas no Quadro 11. Para cada combinação, utilizar 20 mL da solução em um copo de béquer e uma pequena placa de metal recentemente limpo.

metal / sal	$Zn(NO_3)_2$	$Cu(NO_3)_2$	$Fe(NO_3)_2$
Zn			
Cu			
Fe			

QUADRO 11 – REAÇÕES ENTRE METAIS E SAIS METÁLICOS

FONTE: Os autores.

- Inserir a placa metálica no béquer e observar possíveis reações de cada um dos sistemas.

- 2ª parte: testando a reatividade não metálica.

- Colocar em três tubos de ensaios distintos 3 mL dos três halogênios: cloro e bromo em solução aquosa e o iodo em etanol.

- Acrescentar a cada tubo 1 mL de CCl_4 (trabalhar com esse solvente em capela).

- Arrolhar os tubos de ensaio e agitá-los por 15 segundos, aproximadamente.

- Observar a cor da fase de tetracloreto de carbono que contém o halogênio dissolvido.

- Registrar observações em um modelo semelhante ao utilizado para os testes metálicos.

- ADICIONAL: testes para reações espontâneas.

- Colocar em um tubo de ensaio 3 mL de solução aquosa de NaBr 0,1 mol/L e, em outro tubo, 3 mL de solução aquosa de NaI 0,1 mol/L.
- Acrescentar a cada tubo 1 mL de CCl_4 e, depois, 1 mL de solução de cloro em água.
- Arrolhar os tubos de ensaio e agitar durante 15 segundos.
- Observar a cor da fase de CCl_4 e comparar com os testes anteriores (2ª parte).
- Repetir o teste descrito na etapa anterior, mas utilizar agora soluções aquosas de NaCl 0,1 mol/L e de NaI 0,1 mol/L.
- Acrescentar a cada tubo de ensaio 1 mL de CCl_4 e cinco gotas de solução aquosa de bromo.
- Arrolhar os tubos de ensaio e agitar durante 15 segundos.
- Repetir o teste, mas utilizando agora soluções aquosas de NaCl 0,1 mol/L e de NaBr 0,1 mol/L.
- Acrescentar a cada tubo de ensaio 1 mL de CCl_4 e cinco gotas de solução alcoólica de iodo.

QUESTÕES SUGERIDAS

1. Qual dos metais testados foi oxidado por ambas as soluções dos outros íons metálicos?

2. Qual metal foi oxidado apenas por um dos íons metálicos?

3. Qual metal não foi oxidado por nenhum dos íons metálicos?

4. Dispor, em uma coluna, por ordem decrescente de facilidade de oxirredução, as semiequações metal/íon metálico experimentalmente tratadas.

5. Propor equações completas balanceadas para os casos em que foram observadas reações de oxirredução entre metais e íons metálicos.

6. Seria prudente armazenar uma solução de sulfato de cobre em um recipiente de zinco metálico? E em um recipiente feito de prata metálica? Justifique sua resposta.

7. Dispor, em uma coluna por ordem decrescente de facilidade de oxidação, as semiequações entre os íons haletos e halogênios moleculares.

8. Propor as reações totais completas para os casos em que se verificaram reações de oxirredução entre íons haletos e halogênios moleculares.

REFERÊNCIAS

ATKINS, P.; JONES, L. **Princípios de química**: questionando a vida moderna e o meio ambiente. 5. ed. Porto Alegre: Bookman, 2012. p. 532-534.

FELTRE, R. **Química**: Química geral. v. 1, 6. ed., São Paulo: Moderna, 2004. p. 246-247.

PERUZZO, T. M.; CANTO, E. L. **Química**: volume único. 2. ed. São Paulo: Moderna, 2003. p. 173-185.

AEP N.° 24

TÍTULO

Força de acidez em reações com metais

FUNDAMENTAÇÃO TEÓRICA

Predizer a força de ácidos baseando-se apenas em sua estrutura molecular pode ser uma tarefa não tão simples, uma vez que esta depende de outros fatores, tais como entropia, energia e o solvente utilizado, além da facilidade de quebra da ligação R-**H** (na qual R é uma molécula qualquer) e formação da ligação **H**-OH_2^+, que envolve a estabilidade da base conjugada. Mas, observando o comportamento de uma série de compostos em um mesmo solvente (geralmente água), podemos propor certas regras qualitativas, que nos ajudam a entender essa facilidade de quebra e formação de uma nova ligação.

Para ácidos binários do mesmo período da tabela periódica, quanto mais polar for a ligação R-H, mais forte será o ácido (maior será sua tendência de ionização). Assim, a acidez aumenta da esquerda para a direita, no mesmo sentido da eletronegatividade. Para ácidos do mesmo grupo, quanto mais fraca é a ligação R-H, mais forte é o ácido. A força dessa ligação decresce com o aumento do raio atômico dos elementos, devido à incompatibilidade do tamanho dos orbitais do H e o referido elemento.

Para os oxiácidos, quanto maior for o número de oxidação (NOX) do elemento central (devido ao maior número de átomos de oxigênio ligados a ele), maior será sua acidez. Porém, para ácidos que apresentam o mesmo número de átomos de oxigênio ligados, será mais forte aquele que apresentar o elemento central mais eletronegativo.

Nos ácidos carboxílicos orgânicos, quanto maior for a eletronegatividade dos grupos substituintes ligados à carboxila e/ou a sua capacidade de estabilizar um par de elétrons (oriundo da base conjugada), mais forte será o ácido.

A maioria das **reações** químicas entre um ácido (hidrácido ou oxiácido) e um **metal**, irá liberar gás hidrogênio (H_2) e formar um sal correspondente, quando o metal é mais reativo do que o hidrogênio (ver AEP anterior), de acordo com o processo genérico mostrado na Equação XIX, onde M = metal e NM = não metal.

$$2M + 2HNM \rightarrow 2MNM + H_{2(g)} \qquad (XIX)$$

Portanto, verifica-se o compartamento experimental da liberação de gás hidrogênio ao tratar-se um ácido com um metal mais reativo do que o elemento químico hidrogênio.

MATERIAIS

- Bico de Bunsen;
- pera de sucção;
- pipetas graduadas;
- tubos de ensaio e respectiva grade.

REAGENTES

- Ácido clorídrico (HCl) concentrado (37%);
- fragmento de estanho (Sn);
- ácido nítrico (HNO_3) concentrado;
- ácido sulfúrico (H_2SO_4) concentrado;
- fragmento de uma liga de bronze;
- fragmento de alumínio (Al);
- fragmento de cobre (Cu);
- fragmento de ferro (Fe);
- fragmento de zinco (Zn).

PROBLEMA(S) PROPOSTO(S)

Metais reagem facilmente com ácidos inorgânicos, dando origem a sais e liberando gás hidrogênio. Entretanto, essa afirmação não se aplica a todos os metais, pois essa característica é dependente de sua reatividade química. É possível associar-se o comportamento de um metal em presença de ácidos com sua reatividade, experimentalmente?

OBJETIVO EXPERIMENTAL

Realizar reações químicas em meio aquoso a partir do contato direto entre reagentes.

DIRETRIZES METODOLÓGICAS

- Trabalhar com fragmentos dos metais citados e um dos ácidos de cada vez.

- Colocar 18 tubos de ensaio dispostos em uma grade, devidamente identificados.

- Acrescentar a cada tubo 1 mL do ácido correspondente, conforme as combinações mostradas no Quadro 12 (trabalhar em capela, utilizar luvas apropriadas e óculos de segurança).

- Nos tubos em que não se observar reação (liberação de $H_{2(g)}$), aquecer lentamente diretamente na chama de um bico de Bunsen até que a reação se note, ou considerá-la negativa.

- Não aquecer os tubos em que a reação química já foi evidente para evitar INTOXICAÇÕES.

- Completar o Quadro 12 utilizando a codificação: **R** = reagiu, **NR** = não reagiu e **RA** = reagiu após aquecimento.

	Al	Sn	Fe	Zn	Cu	bronze
HCl						
HNO_3						
H_2SO_4						

QUADRO 12 – REAÇÕES ENTRE DIFERENTES METAIS E LIGA METÁLICA, COM ÁCIDOS INORGÂNICOS

FONTE: Os autores.

QUESTÕES SUGERIDAS

1. Listar os ácidos utilizados em ordem crescente de força de ionização (teórica).

2. Relacionar aspectos teóricos (questão 1) com resultados experimentais.

3. Equacionar as reações positivas.

4. O que é um hidrácido? E um oxiácido?

5. Baseado nas reações executadas, poderia se determinar um dos metais constituintes do bronze? Justifique.

6. Elaborar uma pesquisa teórico-bibliográfica sobre ácidos, abordando teorias de acidez, nomenclatura, ionização, classificações e ácidos mais comuns em nosso cotidiano.

REFERÊNCIAS

ATKINS, P.; JONES, L. **Princípios de química**: questionando a vida moderna e o meio ambiente. 5. ed. Porto Alegre: Bookman, 2012. p. 440-444.

FELTRE, R. **Química**: Química geral. v. 1, 6. ed., São Paulo: Moderna, 2004. p. 191-195.

ATIVIDADE EXPERIMENTAL PROBLEMATIZADA (AEP)

AEP N.° 25

TÍTULO

Volumetria de neutralização

FUNDAMENTAÇÃO TEÓRICA

A volumetria, também denominada titulação, titulometria ou titrimetria, consiste em um método de análise quantitativa em que se determina a concentração de uma solução (solução problema ou analito) em função da concentração conhecida de outra solução (solução padrão) por meio da reação química entre ambas. As titulações podem ser realizadas utilizando-se e reações ácido-base, oxirredução, precipitação ou complexação.

É chamado de ponto de equivalência, ou ponto de viragem, o momento no qual as quantidades estequiométricas do titulante e do titulado se equivalem, indicando o ponto final da titulação (geralmente ambos são bem próximos). Para sabermos quando ocorre o ponto de viragem, normalmente usa-se uma substância denominada indicador, que irá mudar de coloração nesse ponto (na maioria dos processos volumétricos), onde haverá leve excesso ou carência de uma das substâncias utilizadas. No caso de uma titulação ácido-base, usa-se um indicador ácido-base, como a fenolftaleína, por exemplo.

Uma **volumetria de neutralização** pode ser classificada como uma **acidimetria,** na qual se deseja determinar a concentração de um ácido (solução problema) por meio de sua reação química com uma base de concentração conhecida (solução padrão), ou como uma **alcalimetria,** na qual se deseja conhecer a concentração de uma base (solução problema) por meio de sua reação com um ácido de concentração conhecida (solução padrão).

MATERIAIS

- Balão volumétrico de 250 mL;
- bastão de vidro;
- bureta de 25 mL ou de 50 mL;
- pera de sucção;
- pipeta de 10 mL ou de 25 mL;
- erlenmeyer;
- papel absorvente;
- papel branco (tipo ofício);
- suporte universal.

REAGENTES

- Água destilada;
- ácido clorídrico (HCl) concentrado (37%);
- fenolftaleína a 1%;
- hidróxido de sódio (NaOH) aquoso padronizado a 0,1 mol/L;
- solução aquosa de hidróxido de sódio em concentração desconhecida.

PROBLEMA(S) PROPOSTO(S)

Logo após a identificação da natureza de um ácido ou de uma base, torna-se de fundamental importância a determinação de sua concentração, o que pode ser feito laboratorialmente por volumetria de neutralização. Desse modo, ao se dispor de uma amostra de um ácido monovalente de concentração desconhecida, verificou-se que ele reage na proporção de 1:1 com uma base igualmente monovalente de concentração 1 mol/L. Podemos, a partir dessa informação, determinar a concentração do ácido em questão?

OBJETIVO EXPERIMENTAL

Realizar reações de neutralização em sistemas convencionais de titulação.

DIRETRIZES METODOLÓGICAS

- 1ª parte: preparando uma solução ácida.

- Preparar, em um balão volumétrico, 250 mL uma solução aquosa de ácido clorídrico 0,1 mol/L a partir desse ácido concentrado (37%).

- Utilizar procedimento padrão; ver AEP n.º 15.

- 2ª parte: determinando a concentração de um ácido (acidimetria).

- Retirar uma alíquota de 10 ou 25 mL da solução de HCl previamente preparada e transferi-la para um erlenmeyer.

- Adicionar água destilada ao erlenmeyer até o volume desejado.

- Adicionar duas gotas de fenolftaleína (indicador ácido-base).

- Calibrar uma bureta limpa e *ambientalizada* com solução aquosa de NaOH 0,1 mol/L, *padronizada*.

- Colocar o papel branco sobre a base do suporte universal para que se possa visualizar a viragem do indicador com maior facilidade.

- Iniciar a adição, gota a gota, da solução contida na bureta ao erlenmeyer, sempre mantendo a mão em contato com a torneira para que se possa encerrar o gotejamento no momento em que a coloração da solução, inicialmente ácida, se alterar.

- Concomitantemente, agitar o erlenmeyer em movimentos de rotação até que a coloração se altere.

- Titular a solução até o aparecimento da coloração rósea permanente.

- Calcular a concentração real da solução de HCl, transferi-la a um frasco apropriado e rotulá-la (ver AEP n.º 12; Figura 20).

- 3ª parte: determinando a concentração de uma base (alcalimetria).

- Transferir uma alíquota de 10 ou 25 mL da solução problema (base, NaOH, de concentração desconhecida) para um erlenmeyer.

- Adicionar ao erlenmeyer água destilada até o volume desejado.

- Adicionar duas gotas de fenolftaleína.

- Calibrar uma bureta limpa e ambientalizada com a solução de HCl padronizada anteriormente (de concentração conhecida).

- Titular a solução até o desaparecimento da coloração rósea.

- Calcular a concentração da solução de NaOH, transferi-la a um frasco apropriado e rotulá-la (conforme procedimento anterior).

QUESTÕES SUGERIDAS

1. Demonstrar os cálculos realizados na preparação da solução inicial de HCl.

2. Demonstrar os cálculos e as equações envolvidos nas análises volumétricas.

3. No que consiste o processo de volumetria de neutralização?

4. O que é uma reação de neutralização e quais são os produtos formados, com base em seus reagentes?

REFERÊNCIAS

ATKINS, P.; JONES, L. **Princípios de química**: questionando a vida moderna e o meio ambiente. 5. ed. Porto Alegre: Bookman, 2012. p. F89.

BROWN, T. L.; LEMAY Jr, H. E.; BURSTEN, B. E. **Química**: a ciência central. 9. ed., São Paulo: Pearson Prentice Hall, 2005. p. 127-129.

AEP N.° 26

TÍTULO

Determinação da concentração de ácido acético no vinagre

FUNDAMENTAÇÃO TEÓRICA

O vinagre comercial trata-se de uma solução de ácido acético em água, obtido a partir da fermentação acética do vinho, que nada mais é do que a transformação do etanol em ácido acético por bactérias acéticas.

O nome vinagre significa "vinho azedo", e tem-se conhecimento de sua existência desde 8.000 a.C. Foi muito utilizado como bebida refrescante (quando misturado em água) e como medicamento, para tratar feridas, úlceras e disfunções respiratórias, devido às suas propriedades anti-inflamatórias e desinfetantes.

O vinagre é muito utilizado na alimentação humana como tempero, mas também possui propriedades antissépticas e conservantes. Sua concentração é cerca de 5%, sendo 85% água e o restante compostos minerais, voláteis, fenólicos e nitrogenados.

Em sua maior parte, o vinagre é obtido por meio do vinho, mas sua produção também se dá a partir do mosto fermentado de frutas (maçã, laranja, abacaxi), cereais (milho, trigo, cevada), produtos ricos em amido (batata-doce, mandioca), mel e álcool de cana-de-açúcar.

MATERIAIS

- Balão volumétrico de 100 mL;
- bastão de vidro;
- bureta de 25 mL ou de 50 mL;
- erlenmeyer;
- papel absorvente;
- papel branco (tipo ofício);
- pera de sucção;
- pipeta volumétrica de 10 mL;
- suporte universal.

REAGENTES

- Água destilada;
- hidróxido de sódio (NaOH) aquoso padronizado a 1 mol/L;
- fenolftaleína a 1%;
- vinagre comercial.

PROBLEMA(S) PROPOSTO(S)

Logo após a identificação da natureza de um ácido ou de uma base, torna-se de fundamental importância a determinação de sua concentração, o que pode ser feito laboratorialmente por volumetria de neutralização. Desse modo, como duas amostras de vinagre podem ser quantificadas quanto ao seu teor de ácido acético a partir de uma base bivalente, como, por exemplo, o hidróxido de cálcio ($Ca(OH)_2$)?

OBJETIVO EXPERIMENTAL

A partir de uma amostra de vinagre comercial, realizar reações de neutralização em sistemas convencionais de titulação.

DIRETRIZES METODOLÓGICAS

- 1ª parte: diluindo o vinagre (preparando a solução problema).

- Diluir o vinagre na proporção de 1:10, de acordo com os procedimentos abaixo:

- com auxílio de uma pipeta volumétrica, transferir 10 mL de vinagre para um balão volumétrico de 100 mL.

- Levar até a marca de aferição do balão com água destilada.

- Secar internamente o gargalo do balão com bastão de vidro e papel absorvente.

- Fechar o balão volumétrico com uma tampa adequada.

- Homogeneizar e rotular a solução (ver AEP n.º 12; Figura 20).

- 2ª parte: titulando a solução de ácido acético (vinagre).

- Transferir, com auxílio de uma pipeta volumétrica, uma alíquota da solução de vinagre preparada para um erlenmeyer.

- Adicionar ao erlenmeyer duas gotas de fenolftaleína a 1%.

- Em uma bureta previamente ambientalizada, colocar solução aquosa padronizada de NaOH 0,1 mol/L (calibrar a bureta).

- Titular até o aparecimento da coloração rósea.

QUESTÕES SUGERIDAS

1. Fazer o cálculo da concentração molar do ácido acético presente na alíquota titulada.

2. Fazer o cálculo da massa de ácido acético presente na alíquota titulada.

3. Realizar o exame de qualificação para a concentração percentual de ácido acético indicada no rótulo do vinagre.

4. Representar a equação de neutralização entre o ácido acético (etanoico) e a base utilizada.

REFERÊNCIAS

EMBRAPA UVA E VINHO. **Sistemas de Produção,** 13: Sistema de Produção de Vinagre. Disponível em: <https://sistemasdeproducao.cnptia.embrapa.br>. Acesso em: 18 ago. 2015.

FELTRE, R. **Química**: Química geral. v. 1, 6. ed., São Paulo: Moderna, 2004. p. 191.

RIZZON, L. A.; GUERRA, C. C.; SALVADOR, G.L. **Elaboração de vinagre na propriedade vitícola**. Bento Gonçalves: EMBRAPA-CNPUV, 1992. p. 5-8.

AEP N.° 27

TÍTULO

Dosagem de ácido cítrico em frutos cítricos

FUNDAMENTAÇÃO TEÓRICA

O ácido cítrico ocorre nos frutos cítricos, como a laranja e, principalmente, o limão. Seu mais importante processo de obtenção se baseia na fermentação cítrica da glicose ou da sacarose (melaço) por meio de micro-organismos, como o *Citromyces-pfeferianus*.

É o ácido orgânico mais usado na preparação de alimentos. É também empregado na indústria de bebidas efervescentes e de refrigerantes, na fabricação de confeitos e como mordente em tinturaria; seu sal mais comum, o citrato de sódio, é laxativo.

Sua acidez se deve à presença de três grupos carboxilas (COOH) na cadeia carbônica do composto. Sua fórmula estrutural é mostrada na Figura 25.

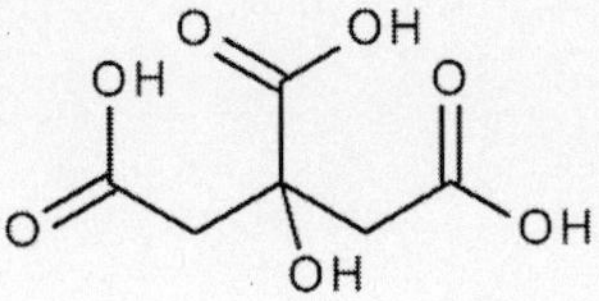

FIGURA 25 – FÓRMULA ESTRUTURAL DO ÁCIDO CÍTRICO

FONTE: Os autores.

Pode ser visto que o ácido cítrico trata-se de uma molécula orgânica de função mista, pois, além dos três grupos carboxílicos (é um ácido triprótico), apresenta um grupo hidroxila (HO) ligado a carbono saturado, característico da função álcool.

MATERIAIS

- Bureta de 25 mL ou de 50 mL;
- erlenmeyer;
- papel branco (tipo ofício);
- pera de sucção;
- pipeta volumétrica de 5 mL;
- suporte universal.

REAGENTES

- Água destilada;
- fenolftaleína a 1%;
- fruto cítrico;
- hidróxido de sódio (NaOH) aquoso padronizado a 0,1 mol/L.

PROBLEMA(S) PROPOSTO(S)

A acidez dos frutos cítricos se deve, basicamente, ao teor de ácido cítrico presente em seu suco (fração líquida). Por tratar-se de um ácido, podemos determinar sua concentração por volumetria direta de neutralização, ao utilizarmos uma base de concentração conhecida como solução padrão. Desse modo, qual fruto apresenta maior teor de ácido cítrico (e, portanto, maior acidez): a laranja, o limão ou a bergamota?

OBJETIVO EXPERIMENTAL

A partir de amostras de frutos cítricos, realizar reações de neutralização em sistemas convencionais de titulação.

DIRETRIZES METODOLÓGICAS

- Pipetar, para um erlenmeyer, 5 mL de suco de fruto cítrico previamente filtrado e diluir o volume com alguns mililitros de água destilada.
- Preparar, do mesmo modo, mais duas alíquotas.

- Adicionar a cada alíquota duas gotas de solução alcoólica de fenolftaleína a 1%.

- Calibrar uma bureta previamente ambientalizada com solução aquosa padronizada 0,1 mol/L de NaOH.

- Gotejar a solução de base contida na bureta sobre o suco contido no erlenmeyer, concomitantemente agitando o erlenmeyer em movimentos constantes.

- O aparecimento da coloração rósea na solução contida no erlenmeyer indica o ponto final da titulação.

- À medida que é inserido no erlenmeyer, o NaOH vai neutralizando o ácido cítrico contido no suco, de acordo com a equação a ser representada no Quadro 13.

hidróxido de sódio + ácido cítrico → citrato de sódio + água

QUADRO 13 – PROPOSTA DE EQUACIONAMENTO DA REAÇÃO ENTRE UM ÁCIDO CÍTRICO E UMA BASE

FONTE: Os autores.

- Quando todo o ácido cítrico tiver sido neutralizado, uma primeira gota de solução de hidróxido de sódio conferirá ao meio de reação alcalinidade, e consequente mudança na coloração do indicador em solução de incolor (meio ácido) para róseo (meio básico), o que indica o referido ponto final da titulação.

- Verificar na bureta o volume gasto de solução padrão.

- Calibrar novamente a bureta e titular as outras duas alíquotas.

- Calcular o gasto médio de solução padrão.

QUESTÕES SUGERIDAS

1. Representar os cálculos envolvidos na determinação do teor do ácido na alíquota utilizada, conforme as especificações abaixo:

(a) massa de ácido contida na alíquota titulada;

(b) massa de ácido contida no fruto original;

(c) concentração comum e molar;

(d) título da solução;

(e) concentração percentual.

2. Representar a equação de neutralização envolvida no processo, denominando e classificando reagentes e produtos.

REFERÊNCIAS

FELTRE, R. **Química**: Química geral. v. 1, 6. ed., São Paulo: Moderna, 2004. p. 4.

NAJAFPOUR, G. D. **Biochemical Engineering and Biotechnology**. Amsterdam: Elsevier, 2007. p. 280.

AEP N.° 28

TÍTULO

Dosagem de vitamina C em frutos cítricos

FUNDAMENTAÇÃO TEÓRICA

O ácido ascórbico, popularmente conhecido como **vitamina C**, é um sólido incolor (instável) solúvel em água, com sabor ácido, que possui propriedades antioxidantes, encontrado em várias frutas cítricas. Sua fórmula estrutural pode ser visualizada na Figura 26.

FIGURA 26 – FÓRMULA ESTRUTURAL DO ÁCIDO ASCÓRBICO
FONTE: Os autores.

Tem participação na síntese do colágeno, ajudando na formação de dentes e ossos, além de contribuir às ações do sistema imunológico humano. Sua carência causa principalmente o escorbuto.

O ácido ascórbico pode ser quantificado por sua reação de oxidação a partir do iodo; pela ação oxidante do iodo, passa a dehidroascórbico. Esse processo pode ser realizado em uma volumetria, tendo-se uma solução de iodato de potássio (KIO_3) como solução padrão, que reagirá – no erlenmeyer – com iodeto de potássio (KI), em presença de ácido sulfúrico (H_2SO_4), produzindo o iodo molecular (Equação XX) que reagirá com o ácido ascórbico (do suco de fruto cítrico, por exemplo) como solução problema (Equação XXI). Quando todo o ácido ascórbico tiver reagido, o excesso de iodo (formado pela adição de mais uma gota de KIO_3) será indicado pelo amido, utilizado como indicador do processo, que adquire coloração azul na presença de iodo livre.

$$5KI + 3H_2SO_4 + KIO_3 \rightarrow 3K_2SO_4 + 3H_2O + 3I_2 \quad \text{(XX)}$$

$$I_2 + C_6H_8O_6 \text{ (ác. ascórbico)} \rightarrow C_6H_6O_6 \text{ (ác. dehidroascórbico)} + 2HI \quad \text{(XXI)}$$

Desse modo, pelo gasto da solução padrão de KIO_3, o teor de ácido ascórbico contido na solução inicial poderá estequiometricamente ser determinado.

MATERIAIS

- Bureta de 25 mL ou de 50 mL;
- erlenmeyer;
- papel branco (tipo ofício);
- pera de sucção;
- pipeta volumétrica de 10 mL;
- pipeta graduada de 5 mL;
- suporte universal.

REAGENTES

- Ácido sulfúrico (H_2SO_4) aquoso a 1 mol/L;
- iodato de potássio (KIO_3) aquoso a 0,01 mol/L;
- amido em solução grosseira;
- iodeto de potássio (KI) aquoso a 5%.

PROBLEMA(S) PROPOSTO(S)

O ácido ascórbico natural, conhecido como vitamina C, pode ser obtido a partir de frutos comuns, além de outros alimentos. Por ser facilmente oxidado, pode ter sua concentração determinada ao reagir quimicamente com um oxidante brando, como o iodo. Como podemos determinar, a partir das informações apresentadas, o fruto de maior teor de vitamina C, tendo-se como exemplos a laranja, o limão e a bergamota?

OBJETIVO EXPERIMENTAL

A partir de amostras de frutos cítricos, realizar reações de neutralização em sistemas convencionais de titulação.

DIRETRIZES METODOLÓGICAS

- Pipetar, para um erlenmeyer, 10 mL de suco de fruto cítrico previamente filtrado.

- Adicionar ao erlenmeyer 2 mL de solução aquosa de KI 5%, 4 mL de solução aquosa de H_2SO_4 a 1 mol/L e 2 mL de solução grosseira de amido.

- Calibrar uma bureta previamente ambientalizada com solução padrão aquosa de KIO_3 a 0,01 mol/L.

- Titular a solução ácida até o aparecimento da coloração azul, o que indica o ponto final do processo.

- Repetir as operações realizadas com mais uma alíquota de suco.

- Fazer a média das leituras feitas nas buretas dos volumes de solução padrão gastos na titulação de cada alíquota.

QUESTÕES SUGERIDAS

1. Representar os cálculos envolvidos na determinação do teor do ácido na alíquota utilizada, conforme as especificações abaixo:

(a) massa de ácido contida na alíquota titulada;

(b) massa de ácido contida no fruto original;

(c) concentração comum e molar;

(d) título da solução;

(e) concentração percentual.

2. Representar a principal equação de oxidação envolvida no processo.

REFERÊNCIAS

HARRIS. D. C. **Análise Química Quantitativa**. 6. ed., Rio de Janeiro: LTC, 2005. p. 375-378.

NELSON, D. L.; COX, M. M. **Princípios de Bioquímica de Lehninger**. 6. ed., Porto Alegre: Artmed, 2014. p. 128-130.

ATIVIDADE EXPERIMENTAL PROBLEMATIZADA (AEP)

LEIS PONDERAIS E CÁLCULOS QUÍMICOS

AEP N.° 29

TÍTULO

Calor de reação

FUNDAMENTAÇÃO TEÓRICA

Cotidianamente, é comum percebermos alguns fenômenos interessantes, tais como a sensação de frio quando saímos molhados da piscina e o uso de compressas quentes e frias, utilizadas no combate às dores musculares. Esses exemplos são processos físicos ou químicos, que geralmente são acompanhados por trocas de energia, ou seja, transferência de calor.

É possível determinar-se a quantidade de calor liberada ou absorvida em uma reação química – **calor de reação** – por intermédio de aparelhos chamados calorímetros. Isso se deve ao fato de que cada substância possui certa quantidade de energia, denominada **entalpia** (H). Processos em que ocorre perda de calor para a vizinhança, e consequente diminuição da entalpia, são denominados **exotérmicos**. Por outro lado, processos **endotérmicos** ocorrem quando o sistema absorve calor do meio ambiente, aumentando assim a entalpia.

O símbolo ***Q*** é frequentemente empregado para designar diferenças entre energia térmica de um sistema em seus estados inicial de final. O valor de ***Q*** se obtém mediante a expressão abaixo, onde ***m*** representa a massa da substância, ***c*** sua capacidade calorífica e Δt sua variação de temperatura entre os estados inicial e final.

$$Q = m \cdot c \cdot \Delta t$$

A capacidade calorífica de uma substância é definida como o número de calorias necessárias para aumentar de 1 °C a temperatura de um grama dessa substância (de 15 – 16 °C). Por exemplo, a capacidade calorífica da água é 1,0 cal/g°C, e a do vidro é 0,2 cal/g°C, o que significa que a água requer cinco vezes mais calor para ter sua temperatura aumentada na mesma medida que o vidro.

Nesse experimento, serão medidos os calores *absorvidos* ou *depreendidos* nas reações efetuadas e, como calorímetro, será utilizado, simplesmente, um erlenmeyer de 250 mL. Admitir-se-á que o calor da reação será utilizado para modificar a temperatura da solução aquosa e do vidro do erlenmeyer, sendo que outras pequenas trocas de calor com o exterior serão desprezadas. Para tanto, será medida a quantidade de calor absorvida ou depreendida a partir de cada uma das três reações descritas abaixo.

- Reação n.°1: hidróxido de sódio sólido dissolvido em água, formando a solução aquosa de seus íons, conforme a Equação XXII:

$$NaOH_{(s)} \rightarrow Na^{+}_{(aq)} + Cl^{-}_{(aq)} + X_1 \text{ cal} \quad (\Delta H_1 = +/- X_1 \text{ cal}) \qquad \text{(XXII)}$$

- Reação n.°2: hidróxido de sódio sólido reagindo com uma solução aquosa de ácido clorídrico, formando água e solução aquosa de cloreto de sódio (em íons), de acordo com a Equação XXIII.

$$NaOH_{(s)} + H^{+}_{(aq)} + Cl^{-}_{(aq)} \rightarrow H_2O + Na^{+}_{(aq)} + Cl^{-}_{(aq)} + X_2 \text{ cal} \quad (\Delta H_2 = +/- X_2 \text{ cal}) \qquad \text{(XXIII)}$$

- Reação n.°3: solução aquosa de hidróxido de sódio reagindo com solução aquosa de ácido clorídrico, formando água e solução aquosa de cloreto de sódio (em íons), mostrada na Equação XXIV.

$$Na^{+}_{(aq)} + OH^{-}_{(aq)} + H^{+}_{(aq)} + Cl^{-}_{(aq)} \rightarrow H_2O + Na^{+}_{(aq)} + Cl^{-}_{(aq)} + X_3 \text{ cal} \quad (\Delta H_3 = +/- X_3 \text{ cal}) \qquad \text{(XXIV)}$$

Desse modo, pretende-se comparar aos valores obtidos em ΔH_2 com o somatório [$\Delta H_1 + \Delta H_3$], a partir dos calores de reação obtidos experimentalmente.

MATERIAIS

- Balança analítica;
- béquer;
- erlenmeyer de 250 mL;
- termômetro.

REAGENTES

- Ácido clorídrico (HCl) aquoso a 0,2 mol/L;
- água destilada;
- hidróxido de sódio (NaOH) sólido e aquoso.

PROBLEMA(S) PROPOSTO(S)

Reações químicas exotérmicas liberam energia sob a forma de calor; reações químicas endotérmicas ocorrem com absorção de energia sob a forma de calor. O calor liberado por uma reação de neutralização pode ser previsto a partir de fatores experimentais, tais como reações de outra natureza?

OBJETIVO EXPERIMENTAL

Propor reações de neutralização (ionização e dissociação) em sistemas aquosos, medindo variações de temperatura nesses sistemas.

DIRETRIZES METODOLÓGICAS

- 1ª parte: determinando o calor da reação n.°1.

- Determinar a massa de um erlenmeyer de 250 mL, limpo e seco, com precisão de 0,1 g.

- Adicionar a este 200 mL de água destilada à temperatura ambiente.

- Agitar o sistema cuidadosamente com um termômetro até atingir uma temperatura constante (aproximadamente igual à temperatura ambiente ou ligeiramente inferior); anotar essa temperatura.

- Medir a massa de 1 g de NaOH sólido.

- Transferir a massa medida de NaOH ao erlenmeyer contendo água destilada.

- Agitá-lo, por rotação, até que todo o NaOH se dissolva (dissociação).

- Verificar a temperatura máxima alcançada pelo sistema e anotá-la, com precisão de 0,2 °C.

- <u>2ª parte: determinando o calor da reação n.º2.</u>

- Determinar a massa de um erlenmeyer de 250 mL, limpo e seco, com precisão de 0,1 g.

- Adicionar a este 200 mL de solução 0,2 mol/L de HCl à temperatura ambiente.

- Agitar o sistema cuidadosamente com um termômetro até atingir uma temperatura constante (aproximadamente igual à temperatura ambiente ou ligeiramente inferior); anotar essa temperatura.

- Medir a massa de 1 g de NaOH sólido.

- Transferir a massa medida de NaOH ao erlenmeyer contendo a solução ácida.

- Agitá-lo, por rotação, até que todo hidróxido de sódio reaja completamente (neutralização).

- Verificar a temperatura máxima alcançada pelo sistema e anotá-la, com precisão de 0,2 °C.

- <u>3ª parte: determinando o calor da reação n.º3.</u>

- Determinar a massa de um erlenmeyer de 250 mL, limpo e seco, com precisão de 0,1 g.

- Adicionar 50 mL de solução aquosa 0,2 mol/L de HCl ao erlenmeyer.

- Em um béquer, medir 50 mL de solução aquosa de NaOH.

- Verificar a temperatura das duas soluções; ambas devem estar à mesma temperatura, igual a ambiente ou ligeiramente inferior (lavar e secar o termômetro antes de transferi-lo de uma solução à outra).

- Adicionar a solução de NaOH à de HCl contida no erlenmeyer.

- Agitá-lo, por rotação, até que todo hidróxido de sódio reaja completamente (neutralização).

- Verificar a temperatura máxima alcançada pelo sistema e anotá-la, com precisão de 0,2 °C.

QUESTÕES SUGERIDAS

1. Para cada reação desenvolvida experimentalmente, determinar:

(a) a variação de temperatura;

(b) a quantidade de calor absorvida pelo erlenmeyer;

(c) a quantidade de calor absorvida pela substância;

(d) a quantidade total de calor absorvido;

(e) o n.° de mols de NaOH utilizados;

(f) a quantidade total de calor envolvida por mol de NaOH.

2. Expressar os resultados como calores de reação ΔH_1, ΔH_2 e ΔH_3, ou seja, em termos de entalpia.

3. Comparar ΔH_2 com o somatório $[\Delta H_1 + \Delta H_3]$ e justificar essa intenção teórica.

4. Calcular a diferença percentual entre ΔH_2 e $[\Delta H_1 + \Delta H_3]$, tomando ΔH_2 como padrão de controle de cálculo.

REFERÊNCIAS

BROWN, T. L.; LEMAY Jr, H. E.; BURSTEN, B. E. **Química**: a ciência central. 9. ed., São Paulo: Pearson Prentice Hall, 2005. p. 150-157.

FELTRE, R. **Química**: Físico-Química. v. 2, 6. ed., São Paulo: Moderna, 2004. p. 101-103.

PERUZZO, T. M.; CANTO, E. L. **Química**: volume único. 2. ed. São Paulo: Moderna, 2003. p. 162-163.

ATIVIDADE EXPERIMENTAL PROBLEMATIZADA (AEP)

LEIS PONDERAIS E CÁLCULOS QUÍMICOS

AEP N.° 30

TÍTULO

Lei de Lavoisier: conservação de massa

FUNDAMENTAÇÃO TEÓRICA

A lei de Lavoisier foi proposta por volta de 1775 pelo francês Antoine Laurent Lavoisier (1743 – 1794) e é popularmente enunciada da seguinte maneira: na natureza, nada se perde e nada se cria, tudo se transforma.

Lavoisier formulou essa lei depois de realizar uma experiência com óxido de mercúrio (reagente), o qual, antes de ser submetido ao aquecimento, teve sua massa determinada. Quando colocado em um sistema fechado, mediante o aquecimento desse reagente, Lavoisier obteve mercúrio e oxigênio (produtos), que, ao final da reação, também tiveram suas massas quantificadas. Esse processo é descrito no Quadro 14.

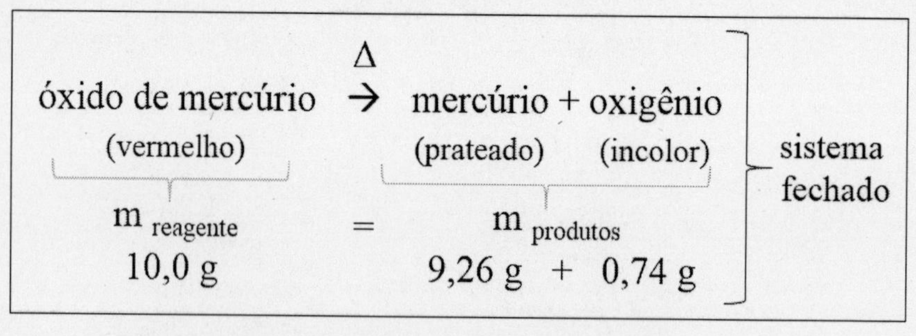

QUADRO 14 – REPRESENTAÇÃO DO EXPERIMENTO DE LAVOISIER
FONTE: Adaptado de Peruzzo (2003).

A partir desse processo, pode-se equacionar a reação realizada por Lavoisier e se trabalhar com valores distintos de massas, observando a conservação (ao se dispor de uma equação estequiometricamente balanceada) entre a massa de reagentes e de produtos. Propõe-se essa feitura no Quadro 15.

óxido de mercúrio → mercúrio metálico + gás oxigênio

QUADRO 15 – PROPOSTA DE EQUAÇÃO PARA A DECOMPOSIÇÃO DO ÓXIDO DE MERCÚRIO
FONTE: Os autores.

Em função dessa e de várias outras experiências, Lavoisier concluiu que, em um sistema fechado, a massa dos reagentes é igual à massa dos produtos, portanto, a massa do sistema (quando fechado) permanece constante. Essa constatação é destacada a seguir.

EM UM SISTEMA FECHADO, É FACILMENTE VERIFICÁVEL QUE A MASSA TOTAL DOS REAGENTES É IGUAL À MASSA TOTAL DOS PRODUTOS.

Essa foi a **primeira das leis das combinações químicas ou leis ponderais** e, a partir dela, outras foram surgindo para explicar as regularidades que ocorrem nas combinações químicas. Por essa e outras contribuições na consolidação da Química como uma ciência, Lavoisier é ainda hoje considerado o pai da Química moderna.

MATERIAIS

- Balança analítica;
- proveta de 10 mL;
- erlenmeyer com tampa;
- tubo de ensaio pequeno.

REAGENTES

- Ácido clorídrico (HCl) aquoso a 0,21 mol/L;
- solução de fenolftaleína a 1%;
- hidróxido de sódio ($NaOH$) aquoso a 0,20 mol/L.

PROBLEMA(S) PROPOSTO(S)

A lei de conservação de massa proposta por Lavoisier não é de fácil verificação em laboratórios convencionais de Química. Entretanto, com inventividade, pode-se propor uma rota de investigação experimental capaz de sua verificação. A partir das proposições abaixo, como se poderia propor uma confirmação empírica para a referida lei química sem se utilizar de uma reação de neutralização?

OBJETIVO EXPERIMENTAL

Realizar uma reação química de neutralização em sistema fechado com aferição da massa de reagentes e de produtos (antes e após a reação).

DIRETRIZES METODOLÓGICAS

- Depositar 10 mL de solução aquosa de NaOH a 0,20 mol/L no interior de um erlenmeyer.

- Adicionar a esse erlenmeyer duas gotas de fenolftaleína a 1%.

- Observar a formação da coloração rósea característica do indicador em meio básico.

- Depositar 10 mL de solução aquosa de HCl a 0,21 mol/L em um tubo de ensaio pequeno.

- Inserir cuidadosamente esse tubo de ensaio no interior do erlenmeyer, de maneira que fique apoiado em suas paredes internas, sem contato entre as soluções.

- Fechar o erlenmeyer com sua tampa e levar o sistema (conjunto erlenmeyer + tubo de ensaio) à balança; anotar a massa inicial (anterior à neutralização).

- Inclinar cuidadosamente o erlenmeyer fechado a fim de permitir a saída da solução de HCl contido no tubo de ensaio e sua reação com a solução de NaOH presente no erlenmeyer, alterando a coloração do sistema.

- Levar novamente o conjunto à balança; anotar a massa final (após a neutralização) e compará-la à inicial.

- No Quadro 16, equacionar a reação de neutralização (com formação de sal e água) responsável pela alteração na coloração do sistema.

hidróxido de sódio + ácido clorídrico → cloreto de sódio + água

QUADRO 16 – PROPOSTA DE EQUAÇÃO DE NEUTRALIZAÇÃO ENTRE O HIDRÓXIDO DE SÓDIO E ÁCIDO CLORÍDRICO

FONTE: Os autores.

QUESTÕES SUGERIDAS

1. Descrever o que foi observado no experimento e as conclusões oriundas.

2. Qual é a razão de ter sido utilizado nesta AEP um ácido de concentração ligeiramente superior à concentração da base? Poderia ter sido feito o contrário?

3. Apresentar cálculos que confirmem a lei de Lavoisier, a partir dos procedimentos realizados.

4. A reação entre 23 g de álcool etílico e 48 g de oxigênio produz 27 g de água e gás carbônico. Qual é a massa de gás carbônico obtida?

5. Com base na reação entre (2x-6) g etano + (4x+8) g oxigênio ⍰ (5x-6) g gás carbônico + [(3x+6)/2] g água, determinar o valor de "x".

6. Num recipiente fechado estão 3,2 g de gás hidrogênio e 25,6 g de gás oxigênio. Passando uma faísca elétrica pelo sistema, ocorre uma pequena explosão e tudo se transforma em água. Qual é a massa de água formada?

7. À lei de Lavoisier seguiu-se outra lei ponderal de extrema importância, que serve de base para os cálculos das massas das substâncias envolvidas em uma reação química, a qual é conhecida como lei de Proust. Sendo assim, pesquisar: (a) em que consiste a lei de Proust e (b) como essa lei pode ser relacionada à receita culinária de um bolo.

REFERÊNCIAS

BROWN, T. L.; LEMAY Jr, H. E.; BURSTEN, B. E. **Química**: a ciência central. 9. ed., São Paulo: Pearson Prentice Hall, 2005. p. 67-68.

FELTRE, R. **Química**: Química orgânica. v. 3, 6. ed., São Paulo: Moderna, 2004. p. 50-52.

PERUZZO, T. M.; CANTO, E. L. **Química**: volume único. 2. ed. São Paulo: Moderna, 2003. p. 18.

ATIVIDADE EXPERIMENTAL PROBLEMATIZADA (AEP)

LEIS PONDERAIS E CÁLCULOS QUÍMICOS

AEP N.° 31

TÍTULO

Lei de Proust: constantes fixas e definidas

FUNDAMENTAÇÃO TEÓRICA

Em 1799, Joseph Louis Proust (1754 – 1826), analisando vários casos, descobriu que a proporção com que cada elemento entra na formação de determinada substância, ou seja, sua composição em massa, era constante, independentemente de seu processo de obtenção. Assim, por exemplo, no caso da água, verifica-se essa **proporcionalidade** entre os **elementos** oxigênio e hidrogênio, mostrada no Quadro 17.

água →	hidrogênio +	oxigênio
100%	11,1%	88,9%
100 g	11,1 g	88,9 g
Proporção	1	9

QUADRO 17 – PROPORÇÃO EM MASSA ENTRE OS ELEMENTOS HIDROGÊNIO E OXIGÊNIO, NA COMPOSIÇÃO DA ÁGUA

FONTE: Adaptado de Peruzzo (2003).

Desse modo, a composição da água apresentará sempre uma mesma relação entre as massas de hidrogênio e oxigênio, qualquer que seja a massa de água considerada. Ou seja, na formação da água deveremos combinar hidrogênio e oxigênio na proporção de 1 para 9, em massa. Se reagirmos 1 g de hidrogênio com 9 g de oxigênio, obteremos então 10 g de água, conforme mostra o Quadro 18.

	água	→	hidrogênio	+	oxigênio
Experiência A	45 g		5 g		40 g
Experiência B	72 g		8 g		64 g
Proporção	10		1		9

QUADRO 18 – EXEMPLOS DE EXPERIÊNCIAS PARA A DETERMINAÇÃO DA PROPORCIONALIDADE DA ÁGUA

FONTE: Adaptado de Peruzzo (2003).

Em função desses resultados, Proust enunciou sua lei ponderal, conhecida como lei das constantes fixas e definidas, descrita abaixo:

TODA SUBSTÂNCIA APRESENTA UMA PROPORÇÃO EM MASSA DEFINIDA DE SEUS ELEMENTOS EM SUA COMPOSIÇÃO QUÍMICA.

Torna-se relevante mencionarmos que essas leis foram desenvolvidas a partir de experimentos realizados com quantidades de matéria possíveis de serem medidas nas balanças existentes na época, ou seja, tratam-se de observações realizadas em nível macroscópico. Ainda não existia nenhuma explicação para os fatos relacionados à composição da matéria em nível microscópico.

MATERIAIS

- Balança analítica;
- chapa metálica de aquecimento;
- conta-gotas;
- funil;
- papel filtro;
- sistema para filtração gravitacional;
- tubo de ensaio e respectiva grade;
- vidro de relógio.

REAGENTES

- Ácido sulfúrico (H_2SO_4) aquoso diluído;
- cloreto de cálcio ($CaCl_2$) aquoso insaturado.
- água destilada;

PROBLEMA(S) PROPOSTO(S)

A determinação estequiométrica da massa de reagentes que reagem quimicamente pode ser obtida por dados indiretos, como, por exemplo, a massa precipitada de um dos produtos gerados a partir da reação estabelecida. A partir da reação de precipitação do sulfato de cálcio ($CaSO_4$) proposta nesta AEP, podemos determinar a massa de cada reagente participante da reação e identificar o reagente limitante e o reagente em excesso?

OBJETIVO EXPERIMENTAL

Realizar uma reação química de dupla-troca com aferição da massa de um dos produtos formados.

DIRETRIZES METODOLÓGICAS

- Determinar a massa de um papel filtro e anotá-la.

- Adicionar a solução aquosa de H_2SO_4 até a capacidade de ¼ de um tubo de ensaio.

- Com o auxílio de um conta-gotas, adicionar um volume de solução aquosa de $CaCl_2$ ao tubo de ensaio suficiente para que todo reagente (H_2SO_4) seja consumido, até formação de uma quantidade fixa de precipitado.

- Caso necessário, repetir a ação anterior utilizando uma solução de maior concentração de $CaCl_2$.

- Filtrar a solução por completo; remover os resíduos que aderirem ao tubo de ensaio com o volume necessário de água destilada.

- Retirar o papel filtro do funil e colocá-lo sobre um vidro de relógio, em chapa metálica brandamente aquecida para máxima evaporação da água residual; medir sua massa novamente.

- Calcular a diferença entre as massas para aferição da massa do precipitado.

- Estequiometricamente, calcular a massa dos reagentes que efetivamente reagiu, a partir da análise do Quadro 19.

$CaCl_{2(aq)}$	+	$H_2SO_{4(aq)}$	→	$CaSO_{4(s)}$	+	$2\ HCl_{(aq)}$
1 mol		1 mol		1 mol		1 mol
1 · 111,0 g		1 · 98,08 g		1 · 136,1 g		2 · 36,5 g
x		y		massa obtida		z

QUADRO 19 – EQUAÇÃO DA REAÇÃO ENTRE CLORETO DE CÁLCIO E ÁCIDO SULFÚRICO
FONTE: Os autores.

- Tratando-se da reação de dupla-troca indicada, a partir da massa obtida de precipitado ($CaSO_4$), pode-se quantificar a massa de cada reagente ($CaCl_2$ e H_2SO_4) envolvidos no processo, assim como a massa do segundo produto formado (HCl).

QUESTÕES SUGERIDAS

1. Representar os cálculos utilizados para resolução do problema experimental desta AEP sob a forma de um quadro.

2. O excesso de um dos reagentes envolvidos nesse processo alteraria os resultados apresentados? Justifique.

3. Os astronautas da Apollo 11 trouxeram várias amostras do solo lunar para análises. Como os cientistas conseguiram identificar a composição dessas rochas? Explique, propondo alternativas.

4. Muitas dessas amostras (questão anterior) continham grandes quantidades de dióxido de titânio (TiO_2). Considere que uma amostra de 234 g tinha 80% de sua composição desse óxido. Calcule a quantidade de dióxido de titânio dela extraída. Qual é a quantidade de titânio existente na amostra?

5. Em presença de pirossulfato de potássio ($K_2S_2O_7$) em excesso, o dióxido de titânio reage, produzindo dois sulfatos, um de potássio e o outro de titânio, de fórmula $Ti(SO_4)_2$. Esse processo pode ser realizado por fusão, em um cadinho. Equacione essa reação e dê o número de oxidação do titânio.

6. Calcular a quantidade de pirossulfato de potássio necessária para reagir com todo dióxido de titânio da amostra mencionada.

7. Em sua opinião, qual seria a principal vantagem comercial de uma exploração do solo lunar para a extração do titânio?

REFERÊNCIAS

BROWN, T. L.; LEMAY Jr, H. E.; BURSTEN, B. E. **Química**: a ciência central. 9. ed., São Paulo: Pearson Prentice Hall, 2005. p. 6.

FELTRE, R. **Química**: Química orgânica. v. 3, 6. ed., São Paulo: Moderna, 2004. p. 50-53.

PERUZZO, T. M.; CANTO, E. L. **Química:** volume único. 2ª. ed. São Paulo: Moderna, 2003. p. 9-10.

ATIVIDADE EXPERIMENTAL PROBLEMATIZADA (AEP)

LEIS PONDERAIS E CÁLCULOS QUÍMICOS

AEP N.° 32

TÍTULO

Lei de Graham: efusão de gases

FUNDAMENTAÇÃO TEÓRICA

A difusão fracionada é utilizada como método de separação de isótopos por difusão a partir do uso de paredes porosas. Um isótopo mais pesado difunde-se mais lentamente do que um mais leve. Conforme a diferença de massas entre os isótopos, a separação é efetuada em maior ou menor número de estágios. A **lei de Graham** (1805 – 1869), que explica o fenômeno, aponta que à temperatura constante, a velocidade de efusão dos gases é inversamente proporcional às raízes quadradas de seus pesos moleculares, conforme mostra a expressão abaixo, onde ***V*** se refere à velocidade de difusão e ***M*** se refere ao peso molecular da substância considerada.

$$\frac{V_1}{V_2} = \sqrt{\frac{M_2}{M_1}}$$

Portanto, quanto mais leve for a substância, maior será sua facilidade de separação, pois a diferença percentual de suas massas tende a ser maior.

Uma **difusão** trata-se do fenômeno pelo qual dois líquidos ou dois gases misturam-se espontaneamente devido à cinética de suas moléculas ou átomos. Uma **efusão** refere-se ao escapamento de um gás por meio de uma pequena abertura, orifício ou poro. Neste experimento, será proposta uma **efusão de gases**, verificada por meio da reação química entre eles.

MATERIAIS

- Algodão;
- béqueres;
- cilindro de vidro transparente (de ≈ 40 cm de comprimento);
- suporte universal e garra.
- pinças metálicas;
- régua;

REAGENTES

- Ácido clorídrico (HCl) concentrado (37%);
- hidróxido de amônio (NH_4OH) concentrado.

PROBLEMA(S) PROPOSTO(S)

Determinado volume de gás hidrogênio (H_2) leva em torno de 5 minutos para atravessar um orifício ao se dissipar por um objeto cilíndrico. A partir dos procedimentos experimentais realizados envolvendo a lei de Graham, é possível determinarmos o tempo necessário para que um volume igual de gás amônia (NH_3) atravesse esse mesmo orifício, sabendo-se que os gases estão nas mesmas condições de temperatura e de pressão?

OBJETIVO EXPERIMENTAL

Realizar uma reação química de síntese em fase gasosa no interior de um cilindro de vidro.

DIRETRIZES METODOLÓGICAS

- Fixar um cilindro de vidro, de aproximadamente 40 cm, horizontalmente em um suporte universal.

- Fechar suas duas extremidades com chumaços de algodão.

- Ao mesmo tempo, gotejar HCl concentrado (37%) em uma de suas extremidades e NH_4OH concentrado em outra, conforme mostra a Figura 27 (tanto o ácido clorídrico como o hidróxido de amônio são tóxicos e devem ser utilizados em capela, com uso de óculos de segurança e luvas para manuseá-los).

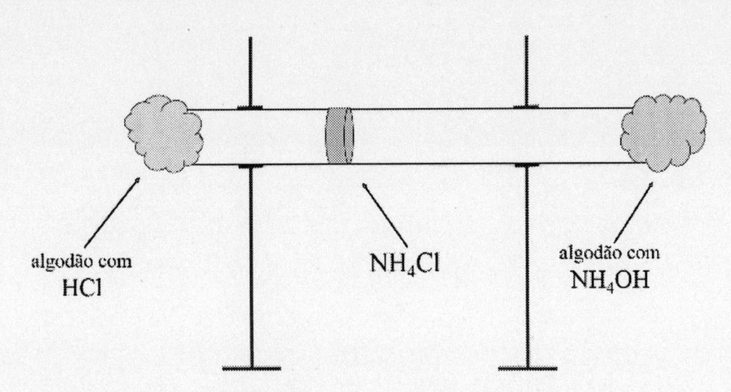

FIGURA 27 – ESQUEMA DO EXPERIMENTO DE VERIFICAÇÃO DA EFUSÃO DOS GASES
FONTE: Os autores.

- Como o HCl é extremamente volátil e o NH_4OH decompõe-se em amônia (NH_3) gasosa, seus vapores irão se difundir pelo interior do tubo e reagir quimicamente no ponto de contato, formando uma névoa branca de cloreto de amônio (NH_4Cl) sólido, conforme mostra a Equação XXV.

$$\mathbf{HCl_{(g)} + NH_{3(g)} \rightarrow NH_4Cl_{(s)}} \qquad \text{(XXV)}$$

- Verificar que essa névoa estará mais próxima da extremidade onde foi gotejado HCl (de maior peso molecular) do que da extremidade contendo NH_3 (de menor peso molecular).

- Medir e anotar as distâncias percorridas pelos gases.

- Repetir o procedimento por mais duas vezes, trabalhando com valores médios.

QUESTÕES SUGERIDAS

1. Sob a forma de um quadro, relacionar as distâncias percorridas pelos gases com seu peso molecular, comparando valores teóricos com os obtidos experimentalmente.

2. Em que condições gases de mesmo peso molecular se deslocariam com velocidades diferentes?

3. Calcular a velocidade de efusão do gás hidrogênio (H_2) em relação à velocidade de efusão do gás metano (CH_4), em CNTP.

4. Um indivíduo encontra-se no centro de uma sala de forma quadrangular. Em cantos opostos dessa sala são quebrados, no mesmo instante, frascos idênticos, sendo que um contém amoníaco (NH_3) e o outro, cloridreto (HCl), ambos gasosos. De qual dessas duas substâncias o indivíduo sentirá o cheiro primeiro? Justifique.

5. Pesquisar (a) a razão de sentirmos o odor de algumas substâncias e de outras não e (b) os principais mecanismos bioquímicos responsáveis pelo olfato.

REFERÊNCIAS

ATKINS, P.; JONES, L. **Princípios de química**: questionando a vida moderna e o meio ambiente. 5. ed. Porto Alegre: Bookman, 2012. p. 152.

BROWN, T. L.; LEMAY Jr, H. E.; BURSTEN, B. E. **Química**: a ciência central. 9. ed., São Paulo: Pearson Prentice Hall, 2005. p. 359-360.

UNIDADE III

COMPOSTOS ORGÂNICOS E MACROMOLÉCULAS

AEP N.° 33

TÍTULO

Determinação de compostos orgânicos

FUNDAMENTAÇÃO TEÓRICA

Uma das finalidades das pesquisas constantes da Química Analítica é a descrição de novas substâncias e a caracterização gradativa da estrutura de suas moléculas. Esse trabalho, geralmente dispendioso e altamente criterioso, tem como uma de suas finalidades possibilitar a produção artificial dessas substâncias, ou seja, sua **síntese**, por meio de combinações entre elementos para produzir compostos e/ou conversão de uma substância em outra. Para tanto, deve-se:

(a) caracterizar a **substância** como **orgânica** ou **inorgânica**;

(b) caracterizar a função à qual pertence;

(c) determinar a fórmula molecular da substância;

(d) determinar a fórmula estrutural da substância;

(e) criar uma rota de síntese para a molécula.

Nesta AEP, trabalhar-se-á no primeiro dos itens de caracterização de uma substância, descrito acima, por meio de uma análise qualitativa da facilidade/dificuldade de fusão de compostos orgânicos e inorgânicos, considerando a informação prévia de que o ponto de fusão de compostos orgânicos é inferior ao de compostos inorgânicos, sob um âmbito geral.

MATERIAIS

- Balança analítica;
- cadinho de porcelana;
- espátulas;
- kit tripé, tela de amianto e bico de Bunsen;
- toalha de algodão.

REAGENTES

- Cloreto de sódio (NaCl) sólido;
- fenol sólido;
- naftaleno (naftalina) sólido;
- nitrato cúprico ($Cu(NO_3)_2$) sólido;
- óxido de cálcio (CaO) sólido;
- parafina sólida;
- sacarose sólida.

PROBLEMA(S) PROPOSTO(S)

A diferenciação de compostos orgânicos de inorgânicos pode ser realizada por meio do ponto de fusão. Sabe-se que compostos inorgânicos apresentam ponto de fusão superior ao de orgânicos devido às ligações químicas, iônica e covalente, respectivamente. Logo, deveremos esperar encontrar ligações químicas de natureza iônica no sal de cozinha ou no açúcar?

OBJETIVO EXPERIMENTAL

Realizar aquecimento de compostos no estado sólido, em cadinho de porcelana.

DIRETRIZES METODOLÓGICAS

- Medir a massa de 1 g de cada uma das substâncias apresentadas no estado sólido, em cadinho de porcelana.

- Rotular e colocar os cadinhos em aquecimento sobre o conjunto tripé, tela de amianto e bico de Bunsen, retirando-o após a fusão do composto ou transcorrido o tempo de 2 minutos (para evitar choque-térmico, transferir o cadinho aquecido para uma toalha de algodão).

- Anotar o tempo de mudança de fase para cada sistema, quando for o caso.

QUESTÕES SUGERIDAS

1. Montar uma tabela, indicando as substâncias que sofreram fusão e seus respectivos tempos.

2. Associar a todos os compostos tratados como sendo orgânicos ou inorgânicos.

3. Representar a fórmula molecular e estrutural para os compostos tratados.

4. Por que se torna necessária a determinação da fórmula estrutural da molécula no caso de compostos orgânicos, em detrimento de sua fórmula molecular? Explique.

REFERÊNCIAS

ATKINS, P.; JONES, L. **Princípios de química**: questionando a vida moderna e o meio ambiente. 5. ed. Porto Alegre: Bookman, 2012. p. F22.

ATIVIDADE EXPERIMENTAL PROBLEMATIZADA (AEP)

COMPOSTOS ORGÂNICOS E MACROMOLÉCULAS

AEP N.° 34

TÍTULO

Pesquisa dos elementos organógenos

FUNDAMENTAÇÃO TEÓRICA

Lavoisier talvez tenha sido o primeiro químico a relacionar a simplicidade do mundo mineral com a complexidade do mundo vivo (animais e plantas). Os elementos **organógenos** são considerados aqueles constituintes de mais de 99% em massa da maioria das células vivas, ou seja, de unidades de matéria com capacidade de reprodução, hereditariedade e mutação; segundo a biologia moderna, três características fundamentais dos seres vivos, necessárias para sua demarcação.

Esses elementos são o **hidrogênio (H)**, o **oxigênio (O)**, o **nitrogênio (N)** e o **carbono (C)**. São elementos químicos leves, podendo formar uma ligação (no caso do hidrogênio), duas (no caso do oxigênio), três (no caso do nitrogênio) e quatro ligações químicas (no caso do carbono). A determinação de compostos químicos que apresentam um dado elemento organógeno em sua constituição pode ser feita experimentalmente, por meio de uma rota laboratorial relativamente de simples execução.

MATERIAIS

- Balança analítica;
- bastão de vidro;
- cadinho de porcelana;
- pera de sucção;
- pipeta graduada de 10 mL;
- sistema para filtração gravitacional;

- fósforos de segurança;
- tubo de desprendimento em "U" com rolha;
- kit tripé, tela de amianto e bico de Bunsen;
- tubos de ensaio e respectiva grade.
- papel de tornassol vermelho;

REAGENTES

- Ácido acético;
- hidróxido de sódio (NaOH) sólido;
- ácido clorídrico (HCl) em solução aquosa;
- iodo (I_2) sólido;
- ácido sulfúrico concentrado;
- água destilada;
- água oxigenada (H_2O_2) aquosa 10 volumes;
- óxido de cálcio (CaO) sólido;
- álcool etílico;
- permanganato de potássio ($KMnO_4$) sólido;
- aldeído fórmico;
- benzeno;
- clorofórmio;
- éter etílico;
- hidróxido de cálcio ($Ca(OH)_2$) aquoso;
- naftalina;
- óxido cúprico (CuO) sólido;
- sacarose sólida;
- sódio (Na) metálico;
- sulfato ferroso ($FeSO_4$) aquoso;
- ureia sólida.

PROBLEMA(S) PROPOSTO(S)

Os símbolos dos elementos químicos constituintes dos sistemas vivos em mais de 99% em massa são o *H*, o *O*, o *N* e o *C*. Tendo em vista essa afirmação, é possível a caracterização de uma rota experimental capaz de identificar com segurança cada um desses elementos em compostos químicos de origem orgânica? Por exemplo, buscamos um teste experimental confiável para a identificação do *H* e do *O*, a partir de substâncias orgânicas conhecidas.

OBJETIVO EXPERIMENTAL

Realizar reações químicas analíticas em sistemas diversos, como contato direto entre reagentes, sistemas de aquecimento e desprendimento gasoso.

DIRETRIZES METODOLÓGICAS

- 1ª parte: identificando o elemento carbono.

a) Substâncias líquidas:

EXPERIÊNCIA A.

- Molhar um bastão de vidro em benzeno, álcool, éter ou clorofórmio e aproximá-lo de uma chama do bico de Bunsen.

- Notar que a chama é fuliginosa, o que evidencia a presença de carbono.

- Repetir o teste com uma substância que não possua carbono.

EXPERIÊNCIA B.

- Em um tubo de ensaio, colocar 2 mL de etanol.

- Fechar o tubo com uma rolha e deixá-lo em repouso por alguns instantes.

- Remover a rolha e aproximar um palito de fósforo aceso à boca do tubo para que inflame o vapor; não inverter o tubo.

- Após a combustão, adicionar 2 mL de água de cal ao tubo de ensaio.

b) Substâncias sólidas:

EXPERIÊNCIA A.

- Em um cadinho de porcelana, colocar uma pedra de naftalina.

- Colocar esse cadinho sobre a base de um suporte universal e levá-lo à chama.

- Observar o desprendimento de fumaça negra, o que evidencia a presença de carbono (realizar esse procedimento em capela).

EXPERIÊNCIA B.

- Em um tubo de ensaio, misturar 4 g de sacarose com 1 g de CuO sólido.

- Colocar a mistura em um tubo de desprendimento em "U"; adaptá-lo a uma rolha, que terá um segundo tubo de ensaio, contendo uma solução de $Ca(OH)_2$.

- Aquecer o primeiro tubo de ensaio; notar que o gás liberado reagirá com o $Ca(OH)_2$, formando uma turvação, o carbonato de cálcio ($CaCO_3$), segundo Equações XXVI e XXVII.

$$C + 4CuO \rightarrow 2Cu_2O + CO_2 \qquad (XXVI)$$

$$CO_2 + Ca(OH)_2 \rightarrow CaCO_3 + H_2O \qquad (XXVII)$$

EXPERIÊNCIA C.

- Em um cadinho de porcelana, colocar duas pontas de espátula de sacarose.

- Com uma pipeta, adicionar, gota a gota, 1 mL de H_2SO_4 concentrado.

- 2ª parte: identificando o elemento hidrogênio.

EXPERIÊNCIA A.

- Depois que a solução de $CaCO_3$ turvar (precipitado) a fração líquida (*experiência B*, acima), filtrar esse precipitado.

- Adicionar esse precipitado a um tubo de ensaio.

- Solubilizá-lo em pequena quantidade de solução de HCl diluída, observando efervescência produzida pela liberação de gás hidrogênio (H_2), gás oxigênio (O_2) e gás carbônico (CO_2), tratando-se da decomposição do ácido carbônico, conforme Equação XXVIII.

$$CaCO_3 + 2HCl \rightarrow CaCl_2 + H_2 + 1/2O_2 + CO_2 \qquad (XXVIII)$$

EXPERIÊNCIA B.

- Acender uma vela e recolher os produtos da combustão em um copo de béquer, limpo e seco, inclinado sobre a chama.

- Testar o caráter ácido-básico do líquido condensado nas paredes do copo de béquer com uma tira de papel de tornassol vermelho.

- 3ª parte: identificando o elemento oxigênio.

EXPERIÊNCIA A.

- Em quatro tubos de ensaio, colocar alguns cristais de iodo e dissolvê-los em alguns mililitros de (a) álcool etílico, (b) aldeído fórmico, (c) éter etílico e (d) ácido acético.

- Verificar e anotar a coloração obtida em cada sistema.

- Os líquidos orgânicos que, ao solubilizar o iodo, adquirem a coloração entre amarelo fraco e castanho escuro possuem oxigênio em sua molécula. Os líquidos que não o possuem adquirem a coloração que varia do vermelho ao violeta intenso. Verificar a confiabilidade dessas afirmações, experimentalmente.

EXPERIÊNCIA B.

- Em um tubo de ensaio, adicionar 5 mL de água oxigenada a 10 volumes.

- A este, acrescentar 1 g de $KMnO_4$ sólido, o qual reagirá com o peróxido, de acordo com a Equação XXIX.

$$3H_2O_2 + 2KMnO_4 \rightarrow 3O_2\uparrow + 2MnO_2 + 2KOH + 2H_2O \qquad (XXIX)$$

- Observar o desprendimento de O_2; testar sua inflamabilidade com um palito de fósforos em brasa.

- 4ª parte: identificando o elemento nitrogênio.

EXPERIÊNCIA A.

- Preparar a seguinte solução, denominada cal sodada: mistura-se uma parte de NaOH sólido com duas partes de CaO sólido; aquece-se o sistema por 10 minutos em recipiente metálico e resfria-se.

- Em um tubo de ensaio, aquecer duas partes de ureia com 20 partes de cal sodada, ambos sólidos.

- Verificar o desprendimento de amônia gasosa (NH_3), que é reconhecida pelo odor característico ou a partir do papel de tornassol vermelho umedecido com água, o qual ficará azul.

EXPERIÊNCIA B.

- Colocar, em um tubo de ensaio seco, *absolutamente seco*, uma mistura da substância de análise (ureia), anidra, e um pequeno fragmento de sódio (Na) metálico (tomar cuidado para que o fragmento de Na não entre em contato com água).

- Pela adição de Na, a quente, a substância em análise é totalmente decomposta. Seu conteúdo de nitrogênio combina-se com o carbono da própria substância e com o Na, formando cianeto de sódio (NaCN), conforme mostra a Equação XXX.

$$\mathbf{Na + C + N \rightarrow NaCN} \qquad \text{(XXX)}$$

- Utilizando uma pinça de madeira, aquecer em chama branda o tubo de ensaio diretamente em bico de Bunsen, mantendo-o inclinado a uma parede, até a fusão do sódio.

- Aumentar gradativamente o aquecimento.

- Em um béquer de 50 mL, adicionar 10 mL de álcool etílico.

- Colocar o tubo de ensaio ainda quente no interior desse béquer; observar que o tubo irá quebra-se e liberar os produtos contidos.

- Agitar cuidadosamente para que o álcool elimine o excesso de Na.

- Após não restar "nada" de Na em sua forma elementar, adicionar 2 mL de água destilada ao sistema.

- Filtrar a solução obtida, recolhendo o filtrado em um tubo de ensaio.

- Adicionar uma gota de solução de sulfato ferroso $FeSO_4$ grosseira, aquosa.

- Ao se adicionar a solução de $FeSO_4$, esse composto reage com o NaCN, formando cianeto ferroso $Fe(CN)_2$, que, por sua vez, reage com o excesso de NaCN, formando ferrocianeto de sódio ($Na_4[Fe(CN)_6]$, conforme mostram as Equações XXXI e XXXII.

$$\mathbf{2NaCN + FeSO_4 \rightarrow Na_2SO_4 + Fe(CN)_2} \qquad \text{(XXXI)}$$

$$\mathbf{4NaCN + Fe(CN)_2 \rightarrow Na_4[Fe(CN)_6]} \qquad \text{(XXXII)}$$

- Adicionar algumas gotas de solução de HCl diluída, o que irá impedir a formação de precipitados indesejados.

- Adicionar algumas gotas de solução grosseira de cloreto férrico ($FeCl_3$), o que formará ferrocianeto de ferro III ($Fe_4[Fe(CN)_6]_3$), conforme mostra a Equação XXXIII.

$$3Na_4[Fe(CN)_6] + 4FeCl_3 \rightarrow Fe_4[Fe(CN)_6]_3 + 12NaCl \quad (XXXIII)$$

- Verificar a formação de uma coloração azul intensa, confirmando a presença do complexo $Fe_4[Fe(CN)_6]_3$ em solução.

QUESTÕES SUGERIDAS

1. Elaborar um roteiro experimental que torne possível a identificação (por meio do teste considerado de maior confiabilidade dentre os utilizados) de cada elemento organógeno.

2. O que torna possível a identificação dos elementos organógenos?

3. Montar um resumo descritivo das principais equações envolvidas nos processos tratados.

4. Pesquisar sobre o tema "Química de complexação".

REFERÊNCIAS

FELTRE, R. **Química**: Química orgânica. v. 3, 6. ed., São Paulo: Moderna, 2004. p. 13.

NELSON, D. L.; COX, M. M. **Princípios de Bioquímica de Lehninger**. 6. ed., Porto Alegre: Artmed, 2014. p. 11-14.

ATIVIDADE EXPERIMENTAL PROBLEMATIZADA (AEP)

COMPOSTOS ORGÂNICOS E MACROMOLÉCULAS

AEP N.° 35

TÍTULO

Hidrocarbonetos saturados e insaturados

FUNDAMENTAÇÃO TEÓRICA

Os compostos orgânicos podem ser divididos em várias categorias, dependendo de suas propriedades e funções. Os **hidrocarbonetos** representam, sob determinadas condições, a classe mais simples destes, possuindo exclusivamente átomos de carbono e hidrogênio em sua estrutura molecular. Em sua grande maioria, são oriundos do petróleo e representam importantes combustíveis e matérias-primas para as indústrias.

Dependendo do tipo da ligação carbono-carbono que apresentam (e considerando inicialmente apenas os compostos de cadeia aberta e o benzeno), os hidrocarbonetos podem ser divididos em (a) **alcanos**, que possuem apenas ligações simples, logo, possuem o maior número possível de átomos de hidrogênio por átomo de carbono, sendo assim chamados de hidrocarbonetos saturados; (b) **alcenos**, ou olefinas, que são hidrocarbonetos que contêm ao menos uma ligação dupla entre dois átomos de carbono (C=C); (c) **alcinos**, também conhecidos como acetilenos, que possuem ao menos uma ligação tripla entre dois átomos de carbono (C≡C) e (d) **aromáticos**, que contêm os átomos de carbono conectados por ligações duplas conjugadas (intercaladas), formando um anel plano. Os compostos de (b) a (d) citados representam hidrocarbonetos insaturados.

Com relação aos hidrocarbonetos de cadeia carbônica fechada (cíclica), podem ser do tipo (e) **ciclanos**, com cadeia aberta e apenas ligações simples entre os átomos de carbono e (f) **ciclenos**, com cadeia fechada e existência de pelo menos uma ligação dupla entre carbonos. Os primeiros são saturados, os segundos, insaturados.

Nesta AEP, será investigada a reatividade de algumas amostras de diferentes classes de hidrocarbonetos. Como exemplo de hidrocarboneto saturado cíclico, será utilizado o ciclohexano, como exemplo de hidrocarboneto insaturado cíclico, o ciclohexeno, e como exemplos de hidrocarbonetos aromáticos, o benzeno e o tolueno. Será então investigada a facilidade de oxidação relativa desses compostos mediante um agente oxidante forte, como é o caso de uma solução alcalina de permanganato de potássio. Serão "vistas", também, suas capacidades para adicionar ou substituir o iodo em tetracloreto de carbono.

MATERIAIS

- Pera de sucção;
- rolhas para tubos de ensaio;
- pipetas volumétricas de 1 e 2 mL;
- tubos de ensaio e respectiva estante.

REAGENTES

- Benzeno;
- iodo (I_2) 0,01 mol/L em tetracloreto de carbono;
- ciclohexano;
- permanganato de potássio ($KMnO_4$) aquoso 0,01 mol/L;
- tolueno;
- hidróxido de sódio (NaOH) aquoso a 6 mol/L.

PROBLEMA(S) PROPOSTO(S)

A identificação de um hidrocarboneto, quanto ao seu aspecto saturado ou insaturado, pode ser experimentalmente realizada por meio de duas reações químicas distintas: a adição e a oxidação, pois compostos insaturados oferecem ambas as reações positivas. Sendo assim, qual desses processos químicos mostra-se mais evidente no laboratório e qual é sua vantagem ao dispor-se dos solventes benzeno e hexano como hidrocarbonetos para identificação?

OBJETIVO EXPERIMENTAL

Realizar reações orgânicas de adição e de oxidação a partir do contato entre reagentes.

DIRETRIZES METODOLÓGICAS

- 1ª parte: propondo uma reação de oxidação.

- Rotular quatro tubos de ensaio, limpos e secos, com os nomes dos seguintes hidrocarbonetos: ciclohexano, ciclohexeno, benzeno e tolueno.

- Colocar 1 mL do hidrocarboneto correspondente a cada tubo de ensaio.

- Preparar cerca de 4 mL de solução alcalina 0,005 mol/L de permanganato de potássio ($KMnO_4$) pela adição de 2 mL de solução aquosa de $KMnO_4$ 0,01 mol/L a 2 mL de solução aquosa de hidróxido de sódio (NaOH) 6 mol/L.

- Acrescentar 2 mL dessa solução a cada um dos tubos de ensaio que contêm os diferentes hidrocarbonetos.

- Colocar uma rolha em cada tubo de ensaio e agitar suavemente o conteúdo para obter um contato mais íntimo entre as duas fases.

- Verificar qualquer modificação de cor da camada aquosa depois de aproximadamente 1 minuto de agitação.

- Agitar os tubos ocasionalmente e observá-los depois de 5 minutos.

- 2ª parte: propondo uma reação de adição.

- Rotular quatro tubos de ensaio, limpos e secos, com os nomes dos seguintes hidrocarbonetos: ciclohexano, ciclohexeno, benzeno e tolueno.

- Colocar 1 mL do hidrocarboneto correspondente a cada tubo de ensaio.

- Acrescentar 1 mL de solução de iodo (I_2) 0,01 mol/L em tetracloreto de carbono a cada tubo, gota a gota.

- Colocar uma rolha em cada tubo e agitá-lo ocasionalmente; enquanto estiver acrescentando a solução de I_2, observar qualquer modificação de coloração da solução.

- Continuar a adição de solução de I_2 aos hidrocarbonetos nos quais houve modificação de coloração, até que persista a coloração da solução original de I_2.

QUESTÕES SUGERIDAS

1. Representar a estrutura dos quatro hidrocarbonetos utilizados nesta AEP.

2. Quais são saturados? Quais são insaturados?

3. Quais hidrocarbonetos foram facilmente oxidados pela solução alcalina de $KMnO_4$, dentre os utilizados?

4. Qual deles reagiu com a solução de I_2?

5. Propor os mecanismos de reações para aquelas que se mostraram positivas.

6. Pesquisar: (a) quais são as principais diferenças fisiológicas em fazermos uso de alimentos saturados e insaturados? (b) Alguns exemplos desses alimentos.

REFERÊNCIAS

BROWN, T. L.; LEMAY Jr, H. E.; BURSTEN, B. E. **Química**: a ciência central. 9. ed., São Paulo: Pearson Prentice Hall, 2005. p. 919-922.

PERUZZO, T. M.; CANTO, E. L. **Química**: volume único. 2. ed. São Paulo: Moderna, 2003. p. 250-251.

ATIVIDADE EXPERIMENTAL PROBLEMATIZADA (AEP)

COMPOSTOS ORGÂNICOS E MACROMOLÉCULAS

AEP N.° 36

TÍTULO

Aldeídos e cetonas

FUNDAMENTAÇÃO TEÓRICA

Aldeídos e **cetonas** são compostos carbonílicos, pois possuem ao menos uma carbonila (C=O) em sua estrutura molecular. As cetonas representam um grupo de compostos que possuem a carbonila ligada entre dois átomos de carbono. Os aldeídos possuem um átomo de hidrogênio ligado à carbonila, ao invés de um átomo de carbono. Aldeídos e cetonas possuem como fórmula geral, respectivamente, **R – CHO** e **R – C(O) – R**.

Muitos compostos naturais possuem esses grupos funcionais; são encontrados, por exemplo, em flores e óleos essenciais (limão e laranja), outros são sintetizados pela indústria. Outros casos são os aromatizantes da baunilha e da canela, os quais são aldeídos, enquanto que a carvona e a cânfora são cetonas. Os representantes mais importantes dos aldeídos são o metanal e o etanal; a cetona mais corriqueira é a propanona.

Os aldeídos e as cetonas são isômeros funcionais e, por possuírem o grupo carbonila, apresentam muitas propriedades semelhantes. Para experimentalmente distingui-los, utilizam-se frequentemente as reações de oxidação por oxidantes brandos, uma vez que estes reagem com os aldeídos e não com as cetonas. Como exemplos desses oxidantes, temos os reativos de Fehling e o de Tollens.

MATERIAIS

- Agitador magnético;
- balança analítica;
- béqueres de 50 mL;
- conta-gotas;
- pera de sucção;
- pipetas de 5 mL;
- prendedor de madeira;
- tubos de ensaio e respectiva grade;
- kit tripé, tela de amianto e bico de Bunsen;
- vidros de relógio.

REAGENTES

- Água destilada;
- nitrato de prata ($AgNO_3$) sólido;
- etanal ou outro aldeído qualquer;
- propanona ou outra cetona qualquer;
- glicose sólida;
- sulfato de cobre penta-hidratado ($CuSO_4.5H_2O$);
- hidróxido de amônio (NH_4OH) líquido;
- tartarato duplo de sódio e potássio sólido.
- hidróxido de sódio (NaOH) sólido;

PROBLEMA(S) PROPOSTO(S)

A identificação funcional orgânica é de fundamental importância, sobretudo ao laboratório de Química. Permite que tenhamos informações teóricas sobre os compostos orgânicos utilizados, possibilitando a predição de algumas de suas propriedades. Sendo assim, satisfatoriamente, como podemos diferenciar experimentalmente o metanal da pentan-2-ona?

OBJETIVO EXPERIMENTAL

Preparar reativos químicos e testá-los junto a grupos funcionais, por contato direto entre reagentes e sistemas de aquecimento e de resfriamento.

DIRETRIZES METODOLÓGICAS

- 1ª parte: preparando os reativos de Fehling e de Tollens.

- Medir a massa de 4 g de $CuSO_4.5H_2O$, 2,5 g de tartarato duplo de sódio e potássio (sal de Rochelle) e 2 g de NaOH.

- Em um béquer de 50 mL, solubilizar a massa medida de NaOH em 10 mL de água destilada.

- Adicionar o tartarato duplo de sódio e potássio de massa medida; homogeneizar a mistura com um agitador magnético.

- Adicionar o $CuSO_4.5H_2O$ à mistura e homogeneizá-la novamente. Com esse processo, será preparado o reativo de Fehling.

- Em outro béquer de 50 mL, solubilizar 1,5 g de $AgNO_3$ em 10 mL de NH_4OH, homogeneizando a mistura. Com esse processo, será preparado o reativo de Tollens.

- Colocar os dois reativos formados em frascos para reagentes, rotulando-os (Ver AEP n.º 12; Figura 20).

- 2ª parte: identificando aldeídos e cetonas.

- A cetona e o aldeído podem apresentar toxicidade, devendo ser manipulados em capela.

- Em um tubo de ensaio, adicionar 5 mL da cetona e algumas gotas do reativo de Fehling.

- Homogeneizar o conteúdo e aquecer o tubo em banho-maria, até a ebulição da água (início).

- Em outro tubo de ensaio, colocar 5 mL da cetona e gotejar o reativo de Tollens.

- Homogeneizar o conteúdo e aquecer o tubo em banho-maria, até a ebulição da água (início).

- Em outro tubo de ensaio, colocar 5 mL do aldeído e gotejar o reativo de Tollens.

- Homogeneizar o conteúdo e aquecer o tubo em banho-maria, até a ebulição da água (início).

- Quando cessar o odor de vinagre, retirar o sistema do banho-maria e colocá-lo sobre uma tela com amianto sobressalente para resfriar.

- Depois que a temperatura baixar, colocar o sistema em um banho de gelo.

- Em outro tubo de ensaio, colocar 5 mL do aldeído e gotejar o reativo de Fehling.

- Homogeneizar o conteúdo e aquecer o tubo em banho-maria, até início da ebulição da água.

- Retirar o sistema do banho-maria e colocá-lo sobre uma tela com amianto para resfriar.

- Depois que a temperatura baixar, colocar o sistema em um banho de gelo.

- 3ª parte: formando um espelho de prata.

- Colocar uma camada de glicose sólida sobre um vidro de relógio.

- Adicionar algumas gotas do reativo de Tollens de modo que cubra completamente a glicose.

- Expor o sistema à luz (natural ou elétrica).

- Verificar a formação de uma película de prata, que se depositará sobre o vidro.

- O espelho formado se deve à oxidação do grupo aldeído, presente na glicose.

QUESTÕES SUGERIDAS

1. Por que os reativos de Fehling e Tollens podem diferenciar cetonas e aldeídos?

2. Qual aspecto foi obtido no frasco que contém aldeído em presença do reativo de Tollens?

3. Qual aspecto foi obtido no frasco que contém o aldeído em presença do reativo de Fehling?

4. E nos frascos que contêm a cetona?

5. Qual é o nome dos produtos orgânicos formados nas reações dos aldeídos com os reativos?

6. Pesquisar: (a) regras de nomenclatura para aldeídos e cetonas;

(b) suas propriedades físicas e químicas e (c) principais aldeídos e cetonas de uso cotidiano, laboratorial e industrial.

REFERÊNCIAS

PERUZZO, T. M.; CANTO, E. L. **Química**: volume único. 2. ed. São Paulo: Moderna, 2003. p. 267-269.

BROWN, T. L.; LEMAY Jr, H. E.; BURSTEN, B. E. **Química**: a ciência central. 9. ed., São Paulo: Pearson Prentice Hall, 2005. p. 937-938.

ATIVIDADE EXPERIMENTAL PROBLEMATIZADA (AEP)

COMPOSTOS ORGÂNICOS E MACROMOLÉCULAS

AEP N.° 37

TÍTULO

Ácidos carboxílicos

FUNDAMENTAÇÃO TEÓRICA

Ácidos carboxílicos são compostos orgânicos que possuem na molécula um ou mais grupos COOH, denominado carboxila. Apresentam, portanto, fórmula geral **R – COOH**.

São ácidos fracos, encontrados em compostos naturais e usados em produtos de consumo, como o vinagre e a vitamina C, além de serem importantes matérias-primas para a fabricação de polímeros utilizados em síntese de fibras, filmes e tintas.

Os ácidos carboxílicos alifáticos (de cadeia carbônica aberta) são conhecidos desde longa data e possuem, por isso, nomes vulgares relacionados com sua proveniência. O ácido fórmico (ác. metanoico) chama-se assim por ser ele a causa principal do ardor da picada de algumas espécies de formigas. O ácido acético (ác. etanoico) denomina-se dessa maneira por possuir sabor azedo. O ácido butírico (ác. butanoico) está na origem do cheiro característico da manteiga rançosa. Os ácidos caproico (ác. hexanoico), caprílico (ác. octanoico) e cáprico (ác. decanoico) encontram-se nas gorduras dos caprídeos.

Os representantes mais importantes do grupo funcional dos ácidos carboxílicos são: o ácido metanoico, o ácido etanoico, o ácido etanodioico (ác. oxálico), o ácido 2-hidróxipropano-tricarboxílico (ác. cítrico) e o ácido 2-hidróxibenzeno carboxílico (ác. salicílico).

O ácido **metanoico** (Figura 28) é um líquido incolor, corrosivo, de odor característico. Foi originalmente obtido pela destilação seca de formigas, daí a razão de seu nome. É hoje sintetizado a partir do monóxido de carbono (CO). Suas principais aplicações são como mordente em tinturaria, na fabricação do ácido oxálico e, na medicina, no tratamento de reumatismo. O ácido metanoico, por apresentar o grupo funcional aldeído na molécula, oxida-se facilmente, produzindo gás carbônico (CO_2) e água.

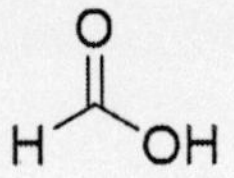

O
H OH

FIGURA 28 – FÓRMULA ESTRUTURAL (FE) DO ÁCIDO METANOICO
FONTE: Os autores

O ácido **etanoico** (Figura 29) é também chamado ácido acético glacial (por ter aspecto de gelo abaixo de 16 °C). É um líquido incolor, de odor e sabor característicos; corrosivo, solúvel em água. Os processos industriais de obtenção desse ácido são a partir do etanol, do carvão e da destilação seca da madeira. Além de ser usado na alimentação sob a forma de vinagre, é empregado na obtenção de diversas substâncias orgânicas, como, por exemplo, acetatos de metais, ésteres, anidrido etanoico, cloreto de etanoíla e propanona.

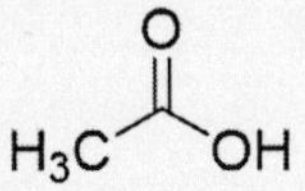

O
H_3C OH

FIGURA 29 – FE DO ÁCIDO ETANOICO
FONTE: Os autores.

O ácido **etanodioico** (Figura 30), também chamado de ácido oxálico, apresenta-se no estado cristalino com duas moléculas de água de hidratação. É fabricado a partir do etanoato de sódio que, por sua vez, é sintetizado a partir do CO e hidróxido de sódio (NaOH). É usado como branqueador de couros e fibras vegetais, além de mordente para remover manchas de ferrugem da roupa branca.

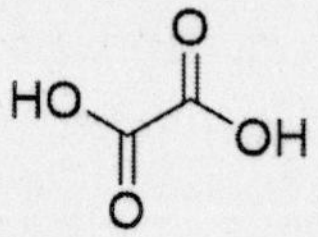

FIGURA 30 – FE DO ÁCIDO ETANODIOICO
FONTE: Os autores.

O ácido **2-hidróxipropano-tricarboxílico** (Figura 31) é mais conhecido pelo seu nome vulgar, ácido cítrico. Encontra-se na natureza no suco de frutos ácidos, principalmente nos cítricos (o limão chega a ter 7%). É um ácido de função mista. Cristaliza com uma molécula de água em grandes prismas rômbicos. É usado na fabricação de bebidas e alguns medicamentos.

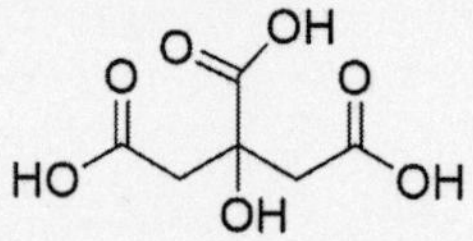

FIGURA 31 – FE DO ÁCIDO CÍTRICO
FONTE: Os autores

O ácido **2-hidróxibenzeno carboxílico** (Figura 32) é também conhecido como ácido salicílico e como ácido orto-hidroxibenzoico. Ele e seus derivados constituem importantes compostos medicinais. É usado como antisséptico e na eliminação de calos; internamente, é usado como analgésico, antipirético e antirreumático. Entretanto, nas aplicações internas, não se pode ingeri-lo diretamente por conta de dores e vômitos relatados. Daí o emprego de seus derivados, como, por exemplo, o ácido acetilsalicílico (aspirina).

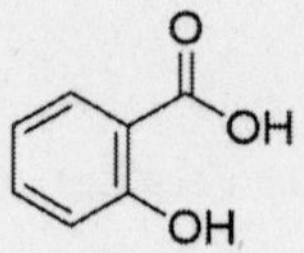

FIGURA 32 – FE DO ÁCIDO SALICÍLICO
FONTE: Os autores.

Quanto ao estado físico dos ácidos carboxílicos, pode-se dizer que os nove primeiros monoácidos saturados são líquidos, os demais são sólidos.

Os três primeiros são líquidos incolores; à medida que aumenta sua massa molecular, tornam-se oleosos; a partir de 10 carbonos são sólidos brancos. Os primeiros possuem odor irritante e os sólidos quase não possuem odor.

Os três primeiros são totalmente miscíveis em água. Sua solubilidade, em geral, diminui com o aumento da cadeia carbônica; os sólidos são totalmente insolúveis.

Os pontos de fusão e ebulição dos ácidos carboxílicos são relativamente elevados quando comparados a compostos de outras funções com massa molecular semelhante. Isso se deve à possibilidade de existência de duas ligações de hidrogênio por molécula.

MATERIAIS

- Béquer;
- pipetas de 1 mL e 10 mL;
- kit tripé, tela de amianto e bico de Bunsen;
- sistema para filtração gravitacional;
- pera de sucção;
- tubos de ensaio e respectiva grade.

REAGENTES

- Ácido etanoico em solução aquosa a 3 mol/L;
- ácido sulfúrico (H_2SO_4) em solução aquosa a 0,5 mol/L;
- água de cal;
- carbonato de sódio (Na_2CO_3) em solução aquosa grosseira;
- etanal;
- fenolftaleína a 1%;
- hidróxido de sódio (NaOH) em solução aquosa a 2,5%;
- magnésio (Mg) em tiras;
- permanganato de potássio ($KMnO_4$) em solução aquosa a 0,05 mol/L;
- suco de limão.

PROBLEMA(S) PROPOSTO(S)

Os ácidos carboxílicos constituem um importante grupo funcional da Química Orgânica, dando origem a importantes reações de caracterização de diversos compostos. A partir de algumas dessas reações, pode ser identificado em laboratório frente a outros compostos, tanto orgânicos como inorgânicos. Ao se dispor, por exemplo, do ácido acético e do hidróxido de sódio (NaOH), ambos em solução aquosa, podemos estabelecer fatores experimentais capazes de identificar ácido e base em questão?

OBJETIVO EXPERIMENTAL

Realizar reações químicas envolvendo ácidos carboxílicos a partir do contato direto entre reagentes.

DIRETRIZES METODOLÓGICAS

- 1ª parte: reagindo ácidos carboxílicos com metais.

- Colocar, em um tubo de ensaio, 1 mL de solução aquosa de ácido etanoico a 3 mol/L.

- Adicionar ao tubo 1 cm de tira de magnésio; observar e anotar alterações no sistema.

- Aguardar até que todo metal seja consumido; aquecer o sistema e evaporar a fração líquida.

- A equação geral envolvida no processo é representada em XXXIV, na qual ***M*** representa um metal mais reativo do que o hidrogênio.

$$R{-}C(=O){-}OH + \boldsymbol{M} \rightarrow R{-}C(=O){-}O\boldsymbol{M} + 1/2\ H_2\uparrow \qquad \text{(XXXIV)}$$

- Equacionar, no Quadro 20, a reação envolvida no processo realizado.

ácido etanoico + magnésio → etanoato de magnésio + hidrogênio

QUADRO 20 – PROPOSTA DE EQUAÇÃO PARA A REAÇÃO ENTRE O ÁCIDO ETANOICO E MAGNÉSIO METÁLICO

FONTE: Os autores.

- 2ª parte: reagindo ácidos carboxílicos com bases (neutralização).

- Colocar, em um tubo de ensaio, 3 mL de solução aquosa de NaOH a 2,5% e duas gotas de fenolftaleína.

- Adicionar, gota a gota, solução aquosa de ácido etanoico a 3 mol/L até o descoloramento da solução.

- A equação geral envolvida no processo é representada em XXXV.

$$RCOOH + \boldsymbol{M}OH \rightarrow RCOO\boldsymbol{M} + H_2O \quad \text{(XXXV)}$$

- Equacionar, no Quadro 21, a reação envolvida no processo realizado.

acido etanoico + hidróxido de sódio → etanoato de sódio + água

QUADRO 21 – PROPOSTA DE EQUAÇÃO PARA A REAÇÃO ENTRE O ÁCIDO ETANOICO E HIDRÓXIDO DE SÓDIO

FONTE: Os autores.

- 3ª parte: reagindo ácidos carboxílicos com carbonatos.

- Colocar, em um tubo de ensaio, 2 mL de solução aquosa grosseira de Na_2CO_3. Também pode ser utilizado um carbonato do tipo $\boldsymbol{M}CO_3$ ou $\boldsymbol{M}_2(CO_3)_3$.

- Adicionar 2 mL de solução aquosa de ácido etanoico a 3 mol/L.

- A equação geral envolvida no processo é representada em XXXVI.

$$2\,RCOOH + \boldsymbol{M}_2CO_3 \rightarrow 2\,RCOO\boldsymbol{M} + H_2CO_3 \rightarrow 2\,RCOO\boldsymbol{M} + H_2O + CO_2\uparrow \quad \text{(XXXVI)}$$

- Equacionar, no Quadro 22, as reações envolvidas no processo realizado.

ácido etanoico + carbonato de sódio → etanoato de sódio + ácido carbônico
ácido carbônico → gás carbônico + água

QUADRO 22 – PROPOSTA DE EQUAÇÕES PARA A REAÇÃO ENTRE O ÁCIDO ETANOICO E CARBONATO DE SÓDIO

FONTE: Os autores.

- <u>4ª parte: obtendo ácidos carboxílicos a partir de aldeídos.</u>

- Os ácidos carboxílicos podem ser obtidos por oxidação de aldeídos.

- Em um tubo de ensaio, colocar 5 mL de etanal.

- Adicionar a este 1 mL de solução aquosa de $KMnO_4$ a 0,05 mol/L.

- Agitar e observar possíveis alterações no sistema.

- Verificar propriedades do composto adicionando duas tiras de magnésio ao sistema.

- A equação geral envolvida no processo é representada em XXXVII.

$$R{-}\overset{\displaystyle O}{\overset{\|}{C}}{-}H + KMnO_4 \xrightarrow{[O]} R{-}\overset{\displaystyle O}{\overset{\|}{C}}{-}OH \qquad \text{(XXXVII)}$$

- Equacionar, no Quadro 23, as reações envolvidas no processo realizado.

etanal + oxigênio (catalisado por permanganato de potássio) → ácido etanoico   *ácido etanoico + magnésio → etanoato de magnésio + hidrogênio*

QUADRO 23 – PROPOSTA DE EQUAÇÕES PARA A REAÇÃO DE OXIDAÇÃO DO ETANAL A ÁCIDO ETANOICO

FONTE: Os autores.

- <u>5ª parte: obtendo ácidos carboxílicos a partir de frutos cítricos.</u>

- Os ácidos carboxílicos também podem ser obtidos a partir de frutos cítricos, como o limão.

- Em um tubo de ensaio, colocar 10 mL de suco de limão e 10 mL de água de cal.

- Haverá formação de precipitado; filtrá-lo.

- Colocar o precipitado em um copo de béquer de 100 mL e adicionar 3 mL de solução aquosa de H_2SO_4 a 0,5 mol/L.

- Evaporar o filtrado em banho de vapor e observar a cristalização do ácido.

QUESTÕES SUGERIDAS

1. Com base nos experimentos realizados, citar as principais características observadas dos ácidos carboxílicos.

2. Explicar a razão pela qual os ácidos carboxílicos reagem com carbonatos.

3. Propor um roteiro referente ao comportamento experimental do ácido carboxílico tratado.

4. Pesquisar: (a) como se dá a obtenção do vinagre a partir de uma solução alcoólica, como o vinho, inoculada com a bactéria denominada *Mycoderma aceti* e (b) as regras de nomenclatura IUPAC utilizadas para a denominação dos ácidos carboxílicos.

REFERÊNCIAS

BROWN, T. L.; LEMAY Jr, H. E.; BURSTEN, B. E. **Química**: a ciência central. 9. ed., São Paulo: Pearson Prentice Hall, 2005. p. 938-939.

PERUZZO, T. M.; CANTO, E. L. **Química**: volume único. 2. ed. São Paulo: Moderna, 2003. p. 270-271.

AEP N.° 38

TÍTULO

Éteres, esterificação e compostos de etila

FUNDAMENTAÇÃO TEÓRICA

Ésteres são compostos orgânicos derivados dos ácidos oxigenados pela substituição de seus hidrogênios ionizáveis por substituintes derivados de hidrocarbonetos. Quando derivados de ácidos orgânicos, possuem a fórmula geral **R – COO – R'**.

Ocorrem na essência de frutos, óleos e gorduras. O etanoato de etila (acetato de etila), por exemplo, está presente na maçã, o etanoato de n-octila, na laranja, o butanoato de etila (butirato de etila), no abacaxi, o etanoato de benzila e o heptanoato de etila, no vinho e no conhaque. Devemos, contudo, considerar que as essências naturais apresentam uma mistura de vários ésteres.

Pelo seu odor agradável de flores e frutas, são usados na fabricação de balas, caramelos e determinadas bebidas. Alguns ésteres de álcoois superiores apresentam perfumes de flores, por isso, são usados na preparação de extratos e colônias.

São empregados como solventes de tintas, vernizes e plásticos, na preparação de cosméticos e perfumes, na fabricação de filmes e películas cinematográficas não inflamáveis (acetato de celulose), na produção de medicamentos (aspirina) e sabões.

Os ésteres inferiores são líquidos e voláteis, de odor agradável. À medida que aumenta sua cadeia carbônica, tornam-se oleosos (óleos vegetais e animais), e os superiores são sólidos (gorduras e ceras). São insolúveis em água e solúveis em solventes apolares.

Por não possuírem ligações intermoleculares por ligações de hidrogênio, apresentam pontos de fusão e de ebulição inferiores aos de álcoois e ácidos de peso molecular semelhante, o que justifica seu aroma característico.

Dão origem às reações de esterificação. Uma esterificação é a reação de um ácido carboxílico, ou de um oxiácido inorgânico, com um álcool (R – OH), produzindo um éster e água, conforme a equação geral apresentada em XXXVIII.

$$R{-}C({=}O){-}OH + H{-}O{-}R' \rightarrow R{-}C({=}O){-}O{-}R' + H_2O \quad \text{(XXXVIII)}$$

Verifica-se, portanto, que a água formada provém da hidroxila (OH) do ácido carboxílico e do hidrogênio (H) do álcool.

MATERIAIS

- Balança analítica;
- béquer;
- erlenmeyer;
- espátula;
- fósforos de segurança;
- pera de sucção;
- pérolas de ebulição;
- pipeta graduada de 5 mL;
- prendedor de madeira;
- sistema de destilação via refluxo;
- kit tripé, tela de amianto e bico de Bunsen;
- tubos de ensaio e respectiva grade.

REAGENTES

- Ácido acético glacial;
- ácido bórico (H_3BO_3) sólido;
- ácido sulfúrico (H_2SO_4) concentrado;
- água destilada;
- álcool etílico.

PROBLEMA(S) PROPOSTO(S)

Alguns ésteres podem facilmente serem sintetizados em laboratório, a partir de reagentes de fácil obtenção e sem a necessidade de maiores recursos laboratoriais. É o caso, por exemplo, do acetato de etila. Com relação a esse éster, como podemos estabelecer procedimentos capazes de experimentalmente caracterizá-lo?

OBJETIVO EXPERIMENTAL

Propor reações de esterificação a partir de sistemas de aquecimento, sob imersão e refluxo.

DIRETRIZES METODOLÓGICAS

- 1ª parte: obtendo acetato de etila.

- Identificar o odor de álcool etílico e do ácido acético (com cuidado).

- Colocar 20 mL de álcool etílico e 5 mL de ácido acético glacial em um erlenmeyer seco.

- Lentamente e em capela, adicionar ao erlenmeyer 2,5 mL de H_2SO_4 concentrado (utilizar luvas apropriadas). Trata-se do catalisador do processo.

- Esse ácido atuará como desidratante, auxiliando na esterificação.

- Colocar algumas pérolas de ebulição no interior do erlenmeyer.

- Montar um sistema de destilação via refluxo, conforme ilustra a Figura 33.

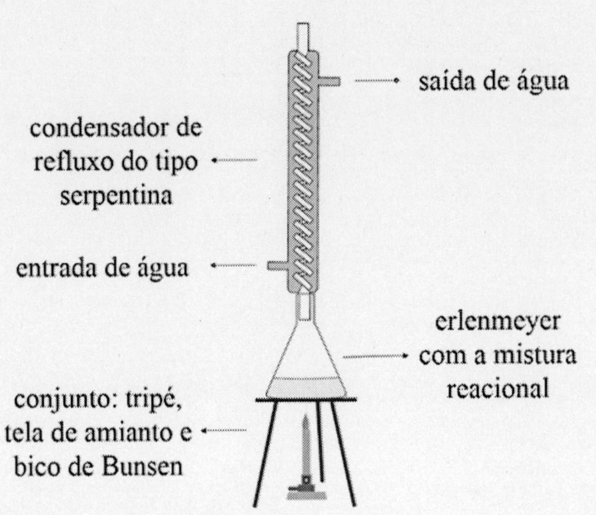

FIGURA 33 – REPRESENTAÇÃO DE UM SISTEMA DE DESTILAÇÃO VIA REFLUXO

FONTE: Os autores.

- Conectar o condensador ao erlenmeyer e ferver a solução via refluxo durante 20 minutos.

- Esse sistema de aquecimento se chama "via refluxo", porque os vapores desprendidos na ebulição se condensam no condensador e refluem ao erlenmeyer. Evita-se, assim, a perda dos reagentes e o perigo destes inflamarem em contato com a chama do bico de Bunsen.

- Ao cessar o aquecimento, deixar o sistema resfriar por 10 minutos antes de abri-lo.

- Diluir 1 mL da solução obtida em um copo de béquer com 100 mL de água destilada, identificando, pelo odor agradável (de frutas), o acetato de etila formado.

- Propor, no Quadro 24, a equação referente à reação realizada.

ácido acético + etanol → acetato de etila + água

QUADRO 24 – PROPOSTA DE EQUAÇÃO PARA A REAÇÃO DE ESTERIFICAÇÃO DO ÁCIDO ACÉTICO A ACETADO DE ETILA

FONTE: Os autores.

- <u>2ª parte: obtendo borato de etila (que não é um éster).</u>

- Colocar 0,5 g de H_3BO_3 sólido em um tubo de ensaio seco.

- Adicionar ao ácido cerca de 5 mL de álcool etílico.

- Lentamente e em capela, adicionar 0,5 mL de H_2SO_4 concentrado (utilizar luvas apropriadas). Trata-se do catalisador do processo.

- Aquecer cuidadosamente o sistema em imersão até a ebulição, deixando que se desprendam vapores pela boca do tubo de ensaio.

- Inflamar os vapores, com cuidado, por meio de um palito de fósforos aceso.

- Identificar, pela coloração verde-amarelo da chama, o borato de etila formado.

- Apagar o fogo; não queimar todo o éster, porque se daria a concentração do H_2SO_4, o que é perigoso.

- Propor, no Quadro 25, a equação referente à reação realizada.

ácido bórico + etanol → borato de etila + água

QUADRO 25 – PROPOSTA DE EQUAÇÃO PARA A REAÇÃO ENTRE ÁCIDO BÓRICO E ETANOL
FONTE: Os autores.

QUESTÕES SUGERIDAS

1. Propor um resumo dos processos envolvidos na obtenção dos dois ésteres.

2. Por que é feito um refluxo no aquecimento da mistura inicial envolvendo o álcool etílico, ácido acético e ácido sulfúrico, na obtenção de acetato de etila?

3. Qual é a função das pérolas de ebulição colocadas no erlenmeyer, no aquecimento via refluxo?

4. Explicar a função do ácido sulfúrico na esterificação entre o ácido bórico e o álcool etílico.

REFERÊNCIAS

BROWN, T. L.; LEMAY Jr, H. E.; BURSTEN, B. E. **Química**: a ciência central. 9. ed., São Paulo: Pearson Prentice Hall, 2005. p. 939-940.

PERUZZO, T. M.; CANTO, E. L. **Química**: volume único. 2. ed. São Paulo: Moderna, 2003. p. 274-275.

AEP N.° 39

TÍTULO

Éteres

FUNDAMENTAÇÃO TEÓRICA

Éteres são compostos que possuem um átomo de oxigênio ligado a dois átomos de carbono pertencentes a substituinte orgânico. Possuem, portanto, fórmula geral **R – O – R'**, **R – O – Ar**, ou **Ar – O – Ar**; ***Ar*** tratando-se de compostos aromáticos.

São incolores e pouco solúveis em água, mas são muito utilizados como solventes de compostos apolares. Por não possuírem ligações de hidrogênio, são bem mais voláteis que os álcoois de mesma massa molecular (seus isômeros de função). Seus pontos de fusão e ebulição são mais baixos que os dos álcoois.

Em geral, são obtidos sinteticamente, mas diversos éteres alquilarílicos encontram-se na natureza, nos óleos essenciais de várias plantas, como, por exemplo, nas essências da baunilha (vanilina) e da noz-moscada (isoeugenol), de fórmulas estruturais mostradas na Figura 34.

FIGURA 34 – FÓRMULAS ESTRUTURAIS DOS ÉTERES (R – O – AR) VANILINA E ISOEUGENOL

FONTE: Os autores.

Derivados do grupo funcional éter são utilizados em sínteses de diversos compostos orgânicos, perfumaria, produção de tintas e solventes orgânicos.

Podem ser gasosos, líquidos ou sólidos. São gasosos até três átomos de carbono por molécula. O metoximetano e o metoxietano são gases nas condições normais de temperatura e pressão. Do etoxietano em diante, são líquidos incolores de odor agradável. Os demais são sólidos.

Conforme mencionado, possuem pontos de fusão e ebulição baixos quando comparados com seus isômeros de função, pois suas ligações intermoleculares são do tipo forças de *Van der Waals*. Em geral, são menos densos que a água. O éter mais importante é o etoxietano, também chamado éter etílico, éter comum ou éter sulfúrico (porque é preparado a partir do álcool etílico com ácido sulfúrico concentrado, a 140 °C). É utilizado como anestésico, solvente de compostos apolares, como extrator de óleos, gorduras e essências.

A obtenção do etoxietano foi observada pelo odor característico desprendido na reação de obtenção do eteno a partir do álcool etílico e ácido sulfúrico concentrado, quando ainda em temperatura baixa.

MATERIAIS

- Béquer de 50 mL;
- placa de Petri;
- kit tripé, tela de amianto e bico de Bunsen;
- sistema para aquecimento em banho-maria;
- pera de sucção;
- termômetro;
- pipeta de 5 mL;
- tubos de ensaio e respectiva grade.

REAGENTES

- Água destilada;
- etoxietano;
- etanol;
- tetracloreto de carbono.

PROBLEMA(S) PROPOSTO(S)

A diferenciação laboratorial entre solventes orgânicos pode ser feita por meio de diversas propriedades desses compostos, como, por exemplo, a densidade e a polaridade. No caso do etanol e do etoxietano, como podemos estabelecer um roteiro experimental para suas diferenciações / identificações, extensivo a outros compostos pertencentes aos grupos funcionais álcool e éter?

OBJETIVO EXPERIMENTAL

Realizar mudanças de fase e misturas entre diferentes solventes orgânicos e água destilada.

DIRETRIZES METODOLÓGICAS

- 1ª parte: testando a volatilidade do éter.

- Colocar sobre uma placa de Petri uma gota de etanol e uma gota de etoxietano, simultaneamente.

- Verificar a diferença de volatilidade entre ambos os solventes; cronometrar o tempo de evaporação.

- Medir a temperatura de ebulição de 50 mL de etoxietano, em aquecimento sob banho-maria.

- 2ª parte: testando a hidrossolubilidade do éter.

- Colocar em três tubos de ensaio, respectivamente, 3 mL de água destilada, 3 mL de água destilada e 3 mL de tetracloreto de carbono.

- Ao primeiro tubo adicionar duas gotas de etoxietano, ao segundo e ao terceiro, 2 mL.

- Verificar a solubilidade do etoxietano apenas em solvente apolar.

QUESTÕES SUGERIDAS

1. Em relação ao procedimento realizado, explicar o baixo ponto de ebulição do etoxietano.

2. Igualmente, explicar a baixa hidrossolubilidade do etoxietano.

3. E o que se pode afirmar quando se substitui a água pelo tetracloreto de carbono, com relação à solubilidade do éter tratado?

4. Pesquisar as regras de nomenclatura para o grupo funcional de destaque tratado nesta AEP e propor as fórmulas estruturais para os seguintes éteres: (a) metoxipropano, (b) metoximetano, (c) propoxibutano, (d) etixibenzeno, (e) etil-propil-éter e (f) butil-etil-éter.

REFERÊNCIAS

BROWN, T. L.; LEMAY Jr, H. E.; BURSTEN, B. E. **Química**: a ciência central. 9. ed., São Paulo: Pearson Prentice Hall, 2005. p. 937.

PERUZZO, T. M.; CANTO, E. L. **Química**: volume único. 2. ed. São Paulo: Moderna, 2003. p. 274.

AEP N.° 40

TÍTULO

Fenóis

FUNDAMENTAÇÃO TEÓRICA

Fenóis são compostos que possuem um ou mais grupamentos hidroxilas (OH) ligados ao anel benzênico. Apresentam, portanto, fórmula geral **Ar – OH**.

São encontrados no alcatrão da hulha e da madeira. São utilizados como desinfetantes e germicidas, na conservação da madeira, na produção de explosivos, perfumes, na fabricação de reveladores fotográficos e como antioxidantes.

Geralmente, são sólidos cristalinos. Quando puros, são incolores. Entretanto, podem apresentar coloração rósea porque se oxidam facilmente. Possuem forte odor característico.

Possuem pontos de fusão e de ebulição superiores aos de compostos de massa molecular semelhante, sem o grupo hidroxila, devido às ligações intermoleculares por ligações de hidrogênio, conforme mostra a Tabela 5.

TABELA 5 – COMPARAÇÃO ENTRE OS PONTOS DE FUSÃO (PF) E EBULIÇÃO (PE) ENTRE HIDROCARBONETOS E O FENOL

composto	fórmula molecular	massa molar (g/mol)	P.F. (°C)	P.E. (°C)	ligações intermoleculares
benzeno	C_6H_6	78,11	5	80	forças de *Van der Waals*
tolueno	$C_6H_5CH_3$	92,14	-95	111	forças de *Van der Waals*
fenol	C_6H_5OH	94,11	43	182	ligações de hidrogênio

FONTE: Adaptado de Brown (2005).

São tóxicos, destroem todos os tipos de células. Devido a esse efeito sobre os microorganismos, possuem ação antisséptica e são usados como desinfetantes.

O fenol de menor peso molecular é também chamado de hidroxibenzeno ou de ácido fênico. Apresenta-se sob a forma de cristais e possui odor característico. É higroscópico e pouco solúvel em água (seu grau de solubilidade é de 9,3 g por 100 mL de água a 25 °C), apesar de ser o fenol mais hidrossolúvel. É, no entanto, solúvel em solventes orgânicos e em soluções alcalinas. Em contato com a pele, produz manchas brancas, sendo que um contato mais prolongado possibilita sua penetração nos tecidos mais profundos, provocando queimaduras (ação cáustica). É utilizado como corante natural e na produção de corantes sintéticos, fenolftaleína e baquelite.

Os compostos aromáticos, entre os quais se incluem os hidroxibenzenos, apresentam uma série de reações características, denominadas reações de caráter aromático: a halogenação, a nitração e a sulfonação. Por exemplo, a tribromação do fenol é efetuada com facilidade pela reação de soluções aquosas de fenol e solução aquosa de bromo (água de bromo). O 2,4,6-tribromo-fenol formado precipita-se por ser pouco solúvel em água, e pode ser isolado por filtração. É purificado pela dissolução em álcool etílico e cristalização em sistema álcool/água.

O hidroxibenzeno é também empregado na síntese do ácido pícrico, por reação com ácido nítrico concentrado em presença de ácido sulfúrico concentrado. O ácido pícrico é de grande importância laboratorial e industrial, visto ser intermediário para a obtenção dos picratos de ferro e amônio, utilizados como explosivos.

MATERIAIS

- Bastão de vidro;
- béqueres de 50 mL e de 100 mL;
- erlenmeyer;
- tubos de ensaio e respectiva grade.
- lã branca natural;
- sistema de filtração gravitacional;

REAGENTES

- Ácido nítrico (HNO_3) concentrado;
- cloreto de ferro III ($FeCl_3$) em solução aquosa;
- ácido sulfúrico (H_2SO_4) concentrado;
- água de bromo;
- água destilada;
- hidróxido de sódio (NaOH) em solução aquosa.
- álcool etílico;
- fenolftaleína a 1%;
- hidroxibenzeno sólido;

PROBLEMA(S) PROPOSTO(S)

A síntese orgânica trata-se do processo de formação de uma nova molécula a partir de compostos orgânicos, geralmente, tendo-se como precursores grupos funcionais simples. É o caso, por exemplo, do ácido pícrico e de seus sais derivados, os picratos. Sendo assim, como podemos identificar esse ácido orgânico a partir de suas propriedades experimentais?

OBJETIVO EXPERIMENTAL

Realizar testes de acidez e reações de alterações de coloração a partir do contato direto entre reagentes, e sínteses orgânicas a partir de hidroxibenzeno, halogenetos e ácidos inorgânicos.

- 1ª parte: investigando o caráter ácido dos fenóis.

- Os fenóis possuem caráter ácido fraco; atuam, portanto, sobre determinados indicadores ácido-base.

- Colocar 3 mL de solução grosseira de fenol em um tubo de ensaio.

- Adicionar ao tubo duas gotas de fenolftaleína a 1%; agitar o sistema.

- Verificar a coloração adquirida pela solução.

- Adicionar ao tubo, gota a gota, solução aquosa grosseira de NaOH, observando alterações na coloração da solução.

- 2ª parte: propondo reações químicas a partir do fenol.

- O fenol reage com o $FeCl_3$, formando um composto de cor violácea.

- Colocar 1 mL de solução grosseira de fenol em um tubo de ensaio.

- Adicionar a este algumas gotas de solução aquosa grosseira de cloreto de ferro III; agitar o sistema.

- Verificar a coloração adquirida pela solução.

- 3ª parte: sintetizando o 2,4,6-tribromo-fenol.

- Colocar 10 mL de solução aquosa grosseira de hidroxibenzeno em um béquer de 100 mL.

- Adicionar a este água de bromo, sob agitação, em pequenas porções, até persistência de coloração levemente amarelada (cerca de 50 mL).

- Observar a precipitação do 2,4,6-tribromo-fenol; filtrá-lo.

- Lavar o precipitado com pequena quantidade de água destilada.

- Transferir o 2,4,6-tribromo-fenol para um erlenmeyer.

- Adicionar 10 mL de álcool etílico ao precipitado, agitando até a dissolução do 2,4,6-tribromo-fenol.

- Adicionar 10 mL de água à solução alcoólica.

- Observar nova cristalização, lenta, do 2,4,6-tribromo-fenol; filtrá-lo.

- Armazenar o produto em frasco devidamente limpo e rotulado.

- A Equação XXXIX representa o processo.

$$\text{fenol} + 3Br_2 \rightarrow \text{2,4,6-tribromo-fenol} + 3HBr \quad \text{(XXXIX)}$$

- 4ª parte: sintetizando o 2,4,6-trinitrofenol (ácido pícrico).

- Colocar em um erlenmeyer uma ponta de espátula de hidroxibenzeno sólido (aproximadamente 1 g) e adicionar 1,5 mL de H_2SO_4 concentrado (em capela; utilizar luvas apropriadas).

- Agitar o sistema e levá-lo a banho-maria fervente por 10 minutos.

- Após resfriar, adicionar 4 mL de HNO_3 concentrado e deixar na capela até que a reação comece a se processar, o que pode ser verificado pela liberação de vapores nitrosos.

- Quando diminuir a intensidade da reação, aquecer em banho-maria fervente por 30 minutos.

- Resfriar o sistema e adicionar 10 mL de água destilada gelada, deixando em banho de gelo até obter a precipitação do ácido pícrico.

- Filtrar o precipitado, lavando os cristais do ácido com porções de água destilada gelada.

- A equação representativa do processo é mostrada em XL.

$$\text{fenol} + 3HNO_3 \rightarrow \text{ácido pícrico} + 3H_2O \quad \text{(XL)}$$

- 5ª parte: identificando o ácido pícrico sintetizado.

- Em um copo de béquer de 100 mL, colocar 30 mL de água destilada e uma pequena porção do ácido pícrico sólido.

- Adicionar a essa solução um fio de lã branca natural.

- Aquecer o sistema até fervura, por alguns minutos.

- Verificar o tingimento da lã, a qual deverá adquirir a mesma coloração do ácido.

QUESTÕES SUGERIDAS

1. Propor e comentar algumas propriedades dos fenóis observadas experimentalmente.

2. Propor os mecanismos para as reações orgânicas de síntese do 2,4,6-tribromo-fenol e do ácido pícrico.

3. Em relação à questão anterior, caso o reagente de partida fosse o tolueno ao invés do fenol, o que seria alterado? E caso fosse o ácido benzoico? Explique.

4. Pesquisar: (a) regras de nomenclatura para compostos pertencentes ao grupo orgânico fenol; (b) propriedades físicas e químicas dos fenóis e (c) principais fenóis de utilização laboratorial.

REFERÊNCIAS

ATKINS, P.; JONES, L. **Princípios de química**: questionando a vida moderna e o meio ambiente. 5. ed. Porto Alegre: Bookman, 2012. p. 764.

BROWN, T. L.; LEMAY Jr, H. E.; BURSTEN, B. E. **Química:** a ciência central. 9. ed., São Paulo: Pearson Prentice Hall, 2005. p. 403/936-937.

PERUZZO, T. M.; CANTO, E. L. **Química**: volume único. 2. ed. São Paulo: Moderna, 2003. p. 272-273.

ATIVIDADE EXPERIMENTAL PROBLEMATIZADA (AEP)

COMPOSTOS ORGÂNICOS E MACROMOLÉCULAS

AEP N.° 41

TÍTULO

Álcoois e fermentação alcoólica

FUNDAMENTAÇÃO TEÓRICA

Toda a história da humanidade está permeada pelo consumo de álcool. Registros arqueológicos revelam que os primeiros indícios sobre o consumo de álcool pelo ser humano datam de aproximadamente 6000 a.C., sendo esse, portanto, um costume extremamente antigo e que tem persistido por milhares de anos. A noção de álcool como uma substância divina, por exemplo, pode ser encontrada em inúmeros exemplos na mitologia, sendo esse talvez um dos fatores responsáveis pela manutenção de hábito de beber ao longo do tempo.

A partir da Revolução Industrial, registrou-se um grande aumento na oferta desse tipo de bebida, contribuindo para um maior consumo e, consequentemente, gerando um aumento no número de pessoas que passaram a apresentar algum tipo de problema devido ao uso excessivo do álcool.

O álcool contido nas bebidas, etanol ou álcool etílico, é produzido a partir de fermentação ou destilação de vegetais como a cana-de-açúcar, frutas e grãos. O etanol é um líquido incolor. As cores das bebidas alcoólicas são obtidas por outros componentes, como o malte, ou por meio da adição de diluentes, corantes e outros produtos.

Apesar dos vários tipos de bebidas alcoólicas se diferenciarem entre si por diversas propriedades, elas possuem uma origem básica comum. Você sabia, por exemplo, qual das bebidas alcoólicas tem mais baixa porcentagem de álcool? É a cerveja, com 3% a 5% de álcool. O vinho é em principio muito semelhante à cerveja, mas com maior percentagem de álcool, ele tem em torno de 10%. Um segundo grupo de bebidas alcoólicas é constituído pela cachaça (45% de álcool), o conhaque (40% a 60%), o rum (50%) e o uísque (40% a 75%).

Todas essas bebidas são obtidas a partir de um processo bioquímico denominado **fermentação alcoólica**. O que difere esses dois grupos é que no segundo, após a fermentação, o produto resultante é submetido à destilação, a fim de aumentar a percentagem de álcool. Talvez a esta altura você esteja se perguntando: o que é essa reação de fermentação alcoólica? Quais são as substâncias usadas nessa reação? Quais resultam?

A fermentação alcoólica se dá, basicamente, em dois processos distintos: no primeiro, ocorre a hidrólise da sacarose, onde uma molécula de sacarose, por ação de catalisadores, sofre hidrólise, produzindo glicose e frutose, conforme a Equação XLI.

$$\underset{\text{sacarose}}{C_{12}H_{22}O_{11}} \xrightarrow[\text{invertase}]{H_2O} \underset{\text{glicose}}{C_6H_{12}O_6} + \underset{\text{frutose}}{C_6H_{12}O_6} \qquad \text{(XLI)}$$

No segundo processo, ocorre a fermentação alcoólica propriamente dita, onde a levedura e outros micro-organismos fermentam a glicose em etanol e gás carbônico, conforme a Equação XLII.

$$\underset{\text{glicose}}{C_6H_{12}O_6} \xrightarrow{\text{zimase}} 2\ \underset{\text{etanol } (C_2H_6O)}{H_3C{-}CH_2{-}OH} + 2CO_2\uparrow \qquad \text{(XLII)}$$

O processo da fermentação alcoólica pode se dar em materiais alternativos, a partir de produtos diversos, conforme é ilustrado pelo texto abaixo, sendo este um dos procedimentos experimentais propostos nesta AEP.

Maria-Louca. Ezequiel curou-se da tuberculose e ficamos amigos. Era o mais respeitado destilador de maria-louca do pavilhão Oito. A fama de sua pinga atraía fregueses da cadeia inteira. A tal de maria-louca é a aguardente tradicional do presídio. Segundo os mais velhos, sua origem é tão antiga quanto o sistema penal brasileiro. Apesar da punição com castigo na Isolada, a produção em larga escala resistiu. O alto teor alcoólico da bebida torna os homens violentos. Eles brigam, esfaqueiam-se e faltam com o respeito aos funcionários que tentam reprimi-los.

A opinião de Ezequiel sobre a própria arte não primava pela modéstia:

— Só vendo da boa e da melhor. Se eu ponho a minha pinga numa colher, o senhor apaga a luz e risca um fósforo, sai um fogo azul puríssimo. Que muitos tiram, mas nem pega fogo; sai um vinagre. Eu tiro uísque.

O milho de pipoca que a mãe lhe trazia, sem saber a que se destinava, era a matéria prima de Ezequiel: num tambor grande comprado na Cozinha Geral, juntava cinco quilos de milho, com açúcar e cascas de frutas como melão, mamão, laranja ou maçã. Depois, cobria a abertura do tambor com um paninho limpo e atarraxava a tampa, bem firme:

— Esse é o segredo! Se vazar, o cheiro sai para a galeria e os polícias caem em cima, que eles é sujo com pinga. Diz que o cara bebe e fica folgado com a pessoa deles. Do jeito que eu fecho, doutor, pode passar um esquadrão no corredor com o nariz afilado, que pelo odor jamais percebe a contravenção praticada no barraco.

Durante sete dias a mistura fermenta.

— No sétimo, a fermentação é tanta que o tambor chega a andar sozinho, parece que está vivo.

Devido à pressão interna, todo cuidado é pouco para abrir o recipiente. Aberto, seu conteúdo é filtrado num pano e os componentes sólidos desprezados. Nessa hora, a solução tem gosto de cerveja ou vinho seco. Um golinho dessa maria-louca amortece o esôfago e faz correr um arrepio por dentro. Cada cinco litros dela vai virar um litro de pinga, depois de destilada a mistura.

Na destilação, o líquido é transferido para uma lata grande com um furo na parte superior, no qual é introduzida uma mangueirinha conectada a uma serpentina de cobre. A lata vai para o fogareiro até levantar fervura. O vapor sobe pela mangueira e passa pela serpentina, que Ezequiel esfria constantemente com uma caneca de água fria. O contato do vapor com a serpentina resfriada provoca condensação, fenômeno físico que impressionava o bigorneiro, nome dado ao destilador da bebida:

— Olha a força do choque térmico! Aquilo que é vapor se transforma num líquido!

Na saída da serpentina emborcada numa garrafa, gota a gota, pinga a maria-louca. Cinco quilos de milho ou arroz cru e dez de açúcar permitem a obtenção de nove litros da bebida. (VARELLA, Dráuzio. *Estação Carandiru*. São Paulo: Companhia das Letras, 1999. p. 182-183)

MATERIAIS

- Bastão de vidro;
- béquer de 50 mL e de 500 mL;
- cadinho de porcelana;
- espátula;
- pisseta;
- provetas de 50 mL;
- sistema para destilação simples;
- tecido de algodão e cordão;
- kit tripé, tela de amianto e bico de Bunsen;
- termômetro;
- kitassato;
- tubos de ensaio e respectiva grade;
- mangueira de látex;
- vidros de relógio.

REAGENTES

- Ácido sulfúrico (H_2SO_4) aquoso;
- hidróxido de cálcio ($Ca(OH)_2$) aquoso saturado;
- álcool etílico;
- milho e cascas de frutas;
- caldo de cana;
- permanganato de potássio ($KMnO_4$) aquoso;
- carbonato de potássio (K_2CO_3) sólido;
- dicromato de potássio ($K_2Cr_2O_7$) aquoso;
- fermento biológico;
- sacarose sólida;
- sódio metálico (Na).

PROBLEMA(S) PROPOSTO(S)

Duas variantes das bebidas alcoólicas são corriqueiras em nosso cotidiano: as do tipo fermentadas e as do tipo destiladas. Entre outras distinções, as bebidas alcoólicas fermentadas trazem um teor de álcool bem inferior às destiladas. Laboratorialmente, o que justifica essa distinção a partir do processo de fabricação de cada uma dessas bebidas?

OBJETIVO EXPERIMENTAL

Realizar testes experimentais de caracterização do etanol e produzi-lo a partir de uma fermentação alcoólica, em métodos alternativos.

DIRETRIZES METODOLÓGICAS

- 1ª parte: testando algumas propriedades do etanol.

a) Interação com a água: devido à formação de ligações de hidrogênio, o etanol forma uma mistura azeotrópica com a água, com nítida contração de volume.

- Em uma proveta de 50 mL, colocar 15 mL de etanol.

- Em uma segunda proveta de 50 mL, colocar 15 mL de água destilada.

- Com um termômetro, medir a temperatura de ambos os sistemas.

- Misturar o álcool à água em um béquer de 50 mL, agitando a mistura com bastão de vidro.

- Verificar a temperatura e o volume final da mistura.

- Passar 2/3 da mistura anterior para um tubo de ensaio grande.

- Adicionar três pontas de espátula de K_2CO_3 sólido.

- Agitar, deixar em repouso por alguns minutos e observar.

b) Reação com metais alcalinos: o etanol reage com o sódio metálico, formando etilato de sódio (etóxido de sódio) e desprendendo hidrogênio na forma gasosa.

- Colocar cerca de 5 mL de álcool etílico em um copo de béquer.

- Juntar um pequeno fragmento de Na.

- Cobrir o béquer com um vidro de relógio e observar a reação.

c) Reação de combustão: o álcool etílico é combustível, queima-se em presença de oxigênio atmosférico, formando dióxido de carbono e água.

- Colocar 5 mL de álcool etílico em um cadinho de porcelana.

- Inflamar o álcool e observar a combustão.

- Esperar que todo o álcool seja consumido e verificar se houve formação de resíduos.

d) Reação de oxidação: o álcool etílico oxida-se sob a ação de $KMnO_4$ e H_2SO_4 em solução aquosa grosseira, formando aldeído acético. Na reação, a solução de $KMnO_4$ (violeta) reduz-se a sulfato de manganês ($MnSO_4$), incolor. Verifica-se, pois, a reação, pela mudança de coloração e também pelo odor característico do aldeído formado.

- Colocar cerca de 2 mL de solução aquosa grosseira de $KMnO_4$ em um tubo de ensaio.

- Juntar cerca de 1 mL de solução aquosa grosseira de H_2SO_4.

- Adicionar duas gotas de álcool etílico.

- Observar a cor e o odor do produto formado.

- Aquecer o sistema, em chama branda, até a ebulição.

- Observar a mudança da coloração e de odor.

e) Bafômetro: o álcool etílico oxida-se também sob a ação de solução aquosa de dicromato de potássio ($K_2Cr_2O_7$) e H_2SO_4 em solução aquosa grosseira, formando aldeído acético. Na reação, o $K_2Cr_2O_7$ (alaranjado) reduz-se a sulfato de cromo ($Cr_2(SO_4)_3$), de coloração verde. Verifica-se, pois, a reação, pela mudança de coloração e também pelo odor característico do aldeído formando, segundo a Equação XLIII.

$$3CH_3CH_2OH + K_2Cr_2O_7 + 4H_2SO_4 \rightarrow 3CH_3CHO + K_2SO_4 + Cr_2(SO_4)_3 + 7H_2O \quad (XLIII)$$

- Colocar cerca de 4 mL de solução aquosa grosseira de $K_2Cr_2O_7$ em um tubo de ensaio.

- Adicionar 1 mL de H_2SO_4 em solução aquosa grosseira; homogeneizar a solução.

- Em uma pisseta vazia, colocar cerca de 50 mL de etanol e agitá-la, saturando-a com vapor de álcool.

- Pressionar o corpo da pisseta, fazendo com que o vapor de álcool entre em contato com a solução contida no tubo de ensaio.

- Observar a reação pela mudança de coloração.

• <u>2ª parte: realizando uma fermentação alcoólica.</u>

a) <u>Sacarose</u>: ação enzimática.

- Adicionar 50 mL de caldo de cana ou solução concentrada de sacarose em um kitassato.

- Adaptar uma mangueira à saída do kitassato.

- Colocar a outra extremidade da mangueira imersa em uma solução aquosa saturada de $Ca(OH)_2$ contida em um béquer.

- Em outro béquer, diluir 6 g de fermento biológico em uma pequena porção de água potável.

- Colocar o fermento dissolvido no interior do kitassato.

- Tampá-lo com uma rolha e armazenar o sistema durante sete dias.

- Após esse período, destilar a solução, sob sistema de destilação simples (ver AEP n.º 8).

- Verificar precipitação de carbonado de cálcio ($CaCO_3$) no béquer contendo inicialmente $Ca(OH)_2$, conforme a Equação XLIV.

$$\mathbf{Ca(OH)_2 + CO_2 \rightarrow CaCO_3 + H_2O} \qquad \text{(XLIV)}$$

- Realizar testes de identificação com os produtos obtidos.

b) <u>Cascas de frutas</u>: produção da "maria-louca".

- Em um béquer de 500 mL, adicionar pequena porção de milho, cascas de frutas e sacarose.

- Adicionar água potável ao sistema, suficiente para cobri-los.

- Fechar o béquer utilizando um tecido limpo, amarrando às suas laterais.

- Deixar o sistema em repouso por sete dias, em local com pouca luminosidade.

- Após esse período, filtrar o sistema com o mesmo tecido utilizado para fechá-lo; destilá-lo.

- Realizar testes de identificação com o etanol produzido.

QUESTÕES SUGERIDAS

1. Montar uma tabela apresentando os percentuais de etanol encontrados em algumas bebidas alcoólicas.

2. Citar algumas propriedades e características químicas e físicas do etanol.

3. Qual é o princípio de funcionamento de um bafômetro? Quais são as substâncias responsáveis pela coloração do sistema e identificação da presença de etanol?

4. Propor as equações que representam as fermentações realizadas experimentalmente.

5. Pesquisar: (a) diferentes processos de fermentação, (b) fermentos químicos e biológicos e (c) processos de oxidação de álcoois.

REFERÊNCIAS

ATKINS, P.; JONES, L. **Princípios de química**: questionando a vida moderna e o meio ambiente. 5. ed. Porto Alegre: Bookman, 2012. p. 762-763.

FELTRE, R. **Química**: Química orgânica. v. 3, 6. ed., São Paulo: Moderna, 2004. p. 74-78.

NELSON, D. L.; COX, M. M. **Princípios de Bioquímica de Lehninger**. 6. ed., Porto Alegre: Artmed, 2014. p. 543-548.

PERUZZO, T. M.; CANTO, E. L. **Química**: volume único. 2. ed. São Paulo: Moderna, 2003. p. 265.

ATIVIDADE EXPERIMENTAL PROBLEMATIZADA (AEP)

COMPOSTOS ORGÂNICOS E MACROMOLÉCULAS

AEP N.° 42

TÍTULO

Amidas

FUNDAMENTAÇÃO TEÓRICA

Amidas são compostos derivados do ácido carboxílico pela substituição da hidroxila do ácido por um grupo amino (NH_2, NHR ou NRR). Apresentam, portanto, como fórmula geral **R – C(O) – NH_2**. As amidas estão presentes naturalmente nas proteínas e são importantes em muitas sínteses metabólicas; atuam também como intermediários industriais na preparação de medicamentos e outros derivados.

A amida mais importante é a etanodiamida, usualmente conhecida como ureia. Foi descoberta em 1773 na urina, de onde derivou seu nome. Com a síntese de Wöhler (1828), ganhou importância histórica quando "derrubou" a Teoria da Força Vital (maiores detalhes, ver próxima AEP). É um sólido cristalino, branco, solúvel em água. Possui grande importância biológica, pois é um dos produtos finais do metabolismo dos animais superiores, quando é eliminada pela urina (uma pessoa adulta elimina, diariamente, em média 30 g de ureia). É obtida industrialmente a partir do gás carbônico (CO_2) e da amônia (NH_3), de acordo com a Equação XLV.

$$CO_2 + 2NH_3 \xrightarrow[100\ atm]{200\ °C} H_2N-C(=O)-NH_2 + H_2O \qquad (XLV)$$

A ureia é aplicada como adubo na agricultura, na alimentação do gado, na produção de medicamentos, como, por exemplo, barbituratos (usados como hipnóticos) e na produção de resinas sintéticas, do tipo ureia-formaldeído.

A amida mais simples, a metanamida, é um líquido incolor, as demais são sólidas. As amidas contendo até cinco átomos de carbono por molécula são solúveis em água. Em geral, todas são solúveis em álcool e éter. Sendo que algumas são higroscópicas. Os pontos de fusão e de ebulição das amidas são bastante altos com relação aos dos ácidos correspondentes, isso porque as interações intermoleculares por ligações de hidrogênio são mais intensas.

Como reações gerais, as amidas reagem com ácidos inorgânicos, evidenciando um comportamento básico (**caráter básico**), de acordo com a equação geral mostrada em XLVI.

$$R{-}C(=O){-}NH_2 + H_2O + HA \xrightarrow{\Delta} R{-}C(=O){-}OH + NH_4A \qquad \text{(XLVI)}$$

Por apresentarem um leve comportamento ácido (**caráter ácido**), reagem também com bases fortes, de acordo com a equação geral mostrada em XLVII.

$$R{-}C(=O){-}NH_2 + MOH \xrightarrow{\Delta} R{-}C(=O){-}OM + NH_3 \qquad \text{(XLVII)}$$

As amidas possuem, portanto, um caráter anfótero; podem atuar como ácidos ou bases, porém, mais fracos que a água; por isso, do ponto de vista prático, dizemos que são neutras.

MATERIAIS

- Béquer de 100 mL;
- espátula;
- kit tripé, tela de amianto e bico de Bunsen;
- papel de tornassol azul;
- papel tornassol vermelho;
- vidro de relógio.

REAGENTES

- Ácido sulfúrico (H_2SO_4) em solução aquosa a 0,25 mol/L;
- hidróxido de sódio (NaOH) em solução aquosa a 0,5 mol/L;
- ureia sólida.

PROBLEMA(S) PROPOSTO(S)

Alguns grupos funcionais orgânicos reagem tanto com ácidos como com bases, evidenciando um comportamento anfótero. É o caso, por exemplo, das amidas. Essa propriedade, particularmente para esse grupo funcional, é importante para sua identificação experimental no laboratório de Química. A partir desses dados, como podemos propor reações confiáveis a ponto de identificação experimental das amidas?

OBJETIVO EXPERIMENTAL

Realizar reações tendo-se como reagente principal de partida a ureia sólida, em contato direto entre reagentes, em sistemas de aquecimento.

DIRETRIZES METODOLÓGICAS

- 1ª parte: reagindo amida com ácido inorgânico (evidenciando comportamento básico).

- Colocar, em um béquer de 100 mL, duas pontas de espátula de ureia e 2 mL de H_2SO_4 em solução aquosa a 0,25 mol/L.

- Sobre o béquer, colocar um vidro de relógio, ao qual se prende uma tira de papel de tornassol azul, úmido.

- Aquecer o sistema brandamente, verificando alterações na coloração do papel.

- A partir da equação geral supracitada (XLVI), equacionar a reação ocorrida, no Quadro 26.

ureia + ácido sulfúrico → ácido etanóico + sulfato de amônio

QUADRO 26 – PROPOSTA DE EQUAÇÃO PARA A REAÇÃO ENTRE UREIA E ÁCIDO SULFÚRICO

FONTE: Os autores.

- 2ª parte: reagindo amida com base inorgânica forte (evidenciando comportamento ácido).

- Colocar, em um béquer de 100 mL, duas pontas de espátula de ureia e 2 mL de solução aquosa de NaOH 0,5 mol/L.

- Sobre o béquer, colocar um vidro de relógio, ao qual se prende uma tira de papel de tornassol vermelho, úmido.

- Aquecer o sistema brandamente, verificando alterações na coloração do papel.

- A partir da equação geral supracitada (XLVII), equacionar a reação ocorrida, no Quadro 27.

ureia + hidróxido de sódio → acetato de sódio + amônia

QUADRO 27 – PROPOSTA DE EQUAÇÃO PARA A REAÇÃO ENTRE UREIA E HIDRÓXIDO DE SÓDIO

FONTE: Os autores.

QUESTÕES SUGERIDAS

1. Citar a fórmula estrutural e nomenclatura (IUPAC) de quatro amidas de interesse industrial.

2. Elaborar uma pesquisa a respeito da atual aplicabilidade das amidas na medicina.

REFERÊNCIAS

FELTRE, R. **Química**: Química orgânica. v. 3, 6. ed., São Paulo: Moderna, 2004. p. 113–115.

KOTZ, J. C.; TREICHEL, P. M.; WEAVER, G. C. **Química geral e reações químicas**. v. 1, 6. ed., São Paulo: Cengage Learning, 2009. p. 446.

PERUZZO, T. M.; CANTO, E. L. **Química**: volume único. 2. ed. São Paulo: Moderna, 2003. p. 279.

AEP N.° 43

TÍTULO

Propriedades da ureia e formação de polímeros

FUNDAMENTAÇÃO TEÓRICA

A **ureia** ($CO(NH_2)_2$) trata-se de uma amida que se apresenta como cristais brancos, solúvel em água, álcool e benzeno. Pode ser obtida pelo aquecimento do cianato de amônio (NH_4CNO) ou tratando-se a cianamida cálcica ($CaCN_2$) com ácidos diluídos. É utilizada na medicina e em pesquisas bioquímicas; atua também como estabilizador de explosivos e plásticos. Possui aplicação importante para a agricultura, representando alta concentração de nitrogênio. É o produto final do metabolismo do nitrogênio no organismo dos mamíferos, sendo excretada pela urina. Encontra-se também no sangue, bem como em plantas e alguns cogumelos.

Sua síntese *in vitro* foi conseguida por Wöhler em 1828, partindo de substâncias puramente inorgânicas. Para tanto, Wöhler aqueceu o NH_4CNO, uma substância inorgânica, e obteve a ureia, um composto orgânico (Equação XLIII), até então obtido apenas a partir de organismos vivos, com isso pondo fim à **Teoria da Força Vital**, segundo a qual não era possível a produção sintética de uma molécula orgânica a partir unicamente de compostos inorgânicos.

$$NH_4CNO \xrightarrow{\Delta} H_2N{-}C({=}O){-}NH_2 \qquad \textbf{(XLVIII)}$$

A distinção entre compostos orgânicos e inorgânicos é feita hoje a partir da presença do elemento químico carbono nos primeiros e ausência nos segundos, salvo algumas exceções.

MATERIAIS

- Balança analítica;
- balão volumétrico de 100 mL;
- bastão de vidro;
- kit tripé, tela de amianto e bico de Bunsen;
- papel absorvente;
- tubos de ensaio com respectiva grade;
- pequeno recipiente de alumínio;
- pisseta;
- béquer de 50 mL;
- erlenmeyer;
- espátula;
- prendedor de madeira;
- vidro de relógio.

REAGENTES

- Ácido bórico (H_3BO_3) sólido;
- ácido clorídrico (HCl) concentrado (37%);
- ácido clorídrico (HCl) aquoso a 3 mol/L;
- água destilada;
- água sanitária comercial;
- formol;
- hidróxido de sódio (NaOH) aquoso a 3 mol/L;
- ureia sólida.

PROBLEMA(S) PROPOSTO(S)

Parte da produção industrial desenfreada de plásticos se deve à sua facilidade de produção, em dimensão do baixo custo de suas matérias-primas e de seu tempo de reação extremamente baixo. Com relação ao tema, podemos considerar que todo plástico trata-se de um derivado do petróleo, em segunda ou terceira geração? Explique.

OBJETIVO EXPERIMENTAL

Realizar reações tendo-se como reagente principal de partida a ureia sólida, em contato direto entre reagentes, incluindo as reações de formação de polímeros.

DIRETRIZES METODOLÓGICAS

- 1ª parte: preparando a solução de ureia.

- Realizar os devidos cálculos para preparação de 100 mL de uma solução aquosa de ureia a uma concentração de 3 mol/L.

- Medir a massa correspondente para a preparação da solução em vidro de relógio ou copo de béquer de 50 mL.

- Transferir essa massa a um balão volumétrico, conforme a concentração e o volume a ser preparado da solução. Utilizar, para isso, papel em forma de cone.

- Adicionar água destilada ao soluto até solubilizá-lo completamente.

- Com auxílio de uma pisseta, completar o volume do balão.

- Secar internamente o gargalo do balão com papel absorvente e bastão de vidro.

- Agitar o balão em movimentos verticais 12 vezes.

- Rotular a solução preparada conforme modelo proposto na AEP n.º 12.

- 2ª parte: propondo a liberação de moléculas gasosas.

a) N_2: a água sanitária é uma solução que contém hipoclorito de sódio (NaClO), hidróxido de sódio (NaOH) e cloro gasoso (Cl_2) dissolvidos em água. A ureia reage com a água sanitária, segundo a Equação XLIX, liberando nitrogênio (N_2) gasoso.

$$CO(NH_2)_{2(aq)} + 8NaOH_{(aq)} + 3Cl_{2(aq)} \rightarrow N_{2(g)} + 6NaCl_{(aq)} + Na_2CO_{3(aq)} + 6H_2O_{(l)} \quad (XLIX)$$

- Adicionar a um erlenmeyer 20 mL da solução de ureia anteriormente preparada.

- Adicionar a seguir 30 mL de água sanitária.

- Testar inexistência de inflamabilidade do gás produzido e anotar observações.

b) <u>NH_3</u>: A ureia reage com o NaOH, liberando o gás amônia (NH_3), o qual possui um odor forte e característico, segundo a Equação L.

$$CO(NH_2)_{2(aq)} + 2NaOH_{(aq)} \rightarrow 2NH_{3(g)} + Na_2CO_{3(aq)} \qquad (L)$$

- Em um erlenmeyer, adicionar 20 mL de solução aquosa 3 mol/L de ureia.

- Adicionar 20 mL de solução de NaOH à concentração de 3 mol/L (aquosa).

- Homogeneizar o sistema e observá-lo por 5 minutos; anotar observações.

c) <u>CO_2</u>: A ureia reage com o HCl, liberando gás carbônico (CO_2), de acordo com a Equação LI. Esse gás pode ser identificado por sua atuação como extintor de chama.

$$CO(NH_2)_{2(aq)} + 2HCl_{(aq)} + H_2O \rightarrow 2NH_4Cl_{(aq)} + CO_{2(g)} \qquad (LI)$$

- Em um erlenmeyer, adicionar 20 mL de solução aquosa de ureia à concentração de 3 mol/L.

- Inserir ao sistema 20 mL de solução de HCl à concentração de 3 mol/L (aquosa).

- Homogeneizar e observar o sistema por 5 minutos; anotar observações.

- <u>3ª parte: realizando reações de polimerização.</u>

a) <u>Plástico ureia-formol</u>:

- Obtém-se um plástico ureia-formol pela condensação de ureia a aldeído fórmico, em presença de H_3BO_3.

- Colocar 3 g de ureia sólida, 4 mL de formol e 0,2 g de H_3BO_3 sólido em um tubo de ensaio; agitar.

- Colocar 100 mL de água destilada em um erlenmeyer e este sobre uma tela de amianto; aquecer a água até ebulição.

- Segurar o tubo de ensaio com um prendedor de madeira; introduzir o fundo do tubo de ensaio no erlenmeyer de maneira que receba o vapor de água produzido na ebulição.

- Mantê-lo nessa posição até plastificação no tubo de ensaio; irá formar-se um plástico pulverulento.

b) Outro tipo de plástico:

- Em um pequeno recipiente de alumínio, adicionar 5 g de ureia sólida e um pouco de formol, suficiente para dissolver a ureia.

- Acrescentar aproximadamente 1 mL de HCl concentrado (37%), gota a gota (em capela, utilizar luvas apropriadas).

- A solução irá ferver (não aquecê-la). Em seu resfriamento, o plástico produzido estará no fundo do recipiente.

QUESTÕES SUGERIDAS

1. Descrever as observações desta AEP e correlacioná-las às descrições teóricas.

2. Quais são os polímeros de maior importância industrial? Cite suas denominações e fórmulas estruturais.

REFERÊNCIAS

BROWN, T. L.; LEMAY Jr, H. E.; BURSTEN, B. E. **Química**: a ciência central. 9. ed., São Paulo: Pearson Prentice Hall, 2005. p. 917.

FELTRE, R. **Química**: Química orgânica. v. 3, 6. ed., São Paulo: Moderna, 2004. p. 113-115.

AEP N.° 44

TÍTULO

Aminas

FUNDAMENTAÇÃO TEÓRICA

Aminas são compostos orgânicos nitrogenados derivados da amônia (NH_3) pela substituição de um, dois ou três de seus hidrogênios por substituintes derivados de hidrocarbonetos, apresentando, assim, como fórmula geral **R – NH_2**, **RR'– NH** ou **RR'R"– N**.

São encontradas naturalmente na forma de anfetaminas e alcaloides. Na decomposição de plantas e animais, liberam-se aminas; um exemplo é o cheiro de peixe podre que sentimos ao passar nas proximidades de uma unidade especializada nesse tipo de comércio.

São utilizadas no preparo de determinados produtos sintéticos, como, por exemplo, medicamentos, como aceleradores no processo de vulcanização da borracha, e as aminas aromáticas, na produção de corantes orgânicos.

A anilina ($Ar - NH_2$) é a amina mais corriqueira no laboratório. Também denominada fenilamina, é obtida por hidrogenação do nitrobenzeno ($Ar - NO_2$) (processo de redução), cuja equação é mostrada em LII.

$$C_6H_5NO_2 + 3H_2 \xrightarrow[HCl]{Fe} C_6H_5NH_2 + 2H_2O \quad \text{(LII)}$$

A anilina é um líquido incolor, oleoso, pouco solúvel em água. Possui aplicação na síntese de corantes e determinados medicamentos. Apresenta reações de substituição no núcleo aromático. O grupo NH_2 é *orto* e *para* dirigente, ativando essas posições no anel.

A metilamina, a dimetilamina e a trimetilamina são gases. As seguintes, até 10 átomos de carbono, são líquidas, as demais são sólidas. As aminas de baixo peso molecular são solúveis em água. Seus pontos de fusão e ebulição são mais elevados do que os dos compostos moleculares de mesmo peso molecular, porém, mais baixos do que o dos álcoois, ácidos carboxílicos e amidas.

As aminas possuem caráter predominantemente básico. Ao reagirem com ácidos, formam sais, segundo equação geral mostrada em LIII.

$$\mathbf{R-NH_2 + HA \rightarrow R-NH_3^+ + A^-} \qquad \text{(LIII)}$$

Nesta AEP, propõe-se a identificação da anilina por meio de uma reação de diazotação, reação positiva para qualquer amina aromática. Formam-se, como produtos principais, sais de diazônio ($Ar{-}N_2^+$), que são substratos para a síntese de muitos compostos orgânicos, como os fenóis. Ocorrem em temperatura inferior a 0°C, pois esses sais são sensíveis ao calor.

MATERIAIS

- Espátula;
- sistema para banho de gelo;
- papel de tornassol azul;
- tubos de ensaio e respectiva grade.
- papel de tornassol vermelho;

REAGENTES

- Ácido clorídrico (HCl) aquoso a 10%;
- ácido sulfúrico (H_2SO_4) aquoso a 0,25 mol/L;
- anilina;
- nitrito de sódio ($NaNO_2$) aquoso a 10%.
- dietilamina sólida;
- fenolftaleína a 1%;

PROBLEMA(S) PROPOSTO(S)

As aminas representam um importante grupo funcional da Química Orgânica; ao lado das amidas, estão presentes no laboratório e na indústria na maioria dos compostos orgânicos contendo nitrogênio. A partir da experimentação proposta, como podemos diferenciar uma amina de uma amida, utilizando, por exemplo, a ureia e a fenilamina?

OBJETIVO EXPERIMENTAL

Realizar reações a partir do contato direto entre reagentes, utilizando sistemas de resfriamento.

DIRETRIZES METODOLÓGICAS

- 1ª parte: testando algumas propriedades das aminas.

- Colocar, em um tubo de ensaio, 2 mL de solução aquosa grosseira de dietilamina.

- Tratar a solução com papel de tornassol azul, e, após, vermelho.

- Adicionar ao sistema duas gotas de fenolftaleína a 1%.

- Anotar as observações quanto à coloração no Quadro 28.

solução	indicador		
	tornasol azul	tornasol vermelho	fenolftaleína
dietilamina			

QUADRO 28 – ALGUMAS PROPRIEDADES DA DIETILAMINA

FONTE: Os autores.

- Adicionar, à solução contendo fenolftaleína, solução aquosa de H_2SO_4 a 0,25 mol/L até obtenção de mudança de coloração.

- 2ª parte: propondo uma diazotação.

- As equações envolvidas na reação de diazotação pretendida são mostradas em LIV e LV.

$$HCl + NaNO_2 \rightarrow HNO_2 + NaCl \quad \text{(LIV)}$$

$$Ar - NH_2 + HNO_2 + HCl \rightarrow [Ar - N^{+}\equiv N]Cl^{-} + 2H_2O \quad \text{(LV)}$$

sal de diazônio
(cloreto de benzenodiazônio)

- Em um tubo de ensaio, solubilizar **x** g de fenilamina (anilina) em 1 mL de solução aquosa de HCl a 10% (calcular o valor de **x** a partir das Equações LIV e LV).

- Colocar o sistema em banho de gelo.

- Adicionar 1 mL de solução aquosa de $NaNO_2$ a 10% ao sistema, sob resfriamento.

- Um precipitado de coloração amarelada indica teste positivo à formação do sal de diazônio.

QUESTÕES SUGERIDAS

1. A reação da dietilamina com H_2SO_4 representa uma reação de neutralização? Justifique.

2. Propor um resumo objetivo dos resultados experimentais obtidos.

REFERÊNCIAS

FELTRE, R. **Química:** Química orgânica. v. 3, 6. ed., São Paulo: Moderna, 2004. p. 108-111.

PERUZZO, T. M.; CANTO, E. L. **Química**: volume único. 2. ed. São Paulo: Moderna, 2003. p. 278-279.

AEP N.° 45

TÍTULO

Glicídios

FUNDAMENTAÇÃO TEÓRICA

Os **glicídios** (hidratos de carbono ou carboidratos) se caracterizam por ser, juntamente às proteínas e os lipídios, um dos constituintes orgânicos de quase totalidade dos tecidos vivos, tanto vegetais como animais. São derivados aldeídicos ou cetônicos de álcoois polihídricos. Compreendem demais aldeídos ou álcoois cetônicos (seus anidros ou polímeros).

Essa classe abrange desde os açúcares mais comuns até estruturas complexas, como a celulose e o amido. Eles se destinam principalmente como fonte de energia para todos os organismos nos quais se encontram e, em muitos casos, são também seus principais componentes de suporte. No que tange aos vegetais, os glicídios se destacam por serem os compostos que se encontram em maior quantidade (celulose).

Genericamente, os glicídios podem ser classificados de acordo com o número desses que formam uma estrutura, assim, monossacarídios são aqueles formados por apenas um glicídio, tais como a frutose e a glicose. Dissacarídios são formados pela união de dois monossacarídios, como a sacarose, que é formada pela glicose e frutose. Quando várias moléculas de monossacarídios se unem, formam os polissacarídios, como a celulose.

MATERIAIS

- Béquer de 50 mL e de 100 mL;
- espátulas;
- kit tripé, tela de amianto e bico de Bunsen;
- sistema para banho de gelo;
- papel medidor de pH;
- tubos de ensaio e respectiva grade.
- pera de sucção;
- pipetas graduadas;

REAGENTES

- Acetona;
- hidróxido de sódio (NaOH) aquoso diluído;
- ácido clorídrico (HCl) concentrado (37%);
- ácido clorídrico (HCl) aquoso diluído;
- água destilada;
- álcool etílico;
- amido hidrossolúvel sólido;
- glicose sólida;
- iodo (I_2) sólido;
- maltose sólida;
- reativo de Benedict;
- reativo de Fehling;
- reativo de Tollens;
- sacarose sólida.

PROBLEMA(S) PROPOSTO(S)

Em nosso cotidiano, denominamos de açúcares um importante grupo funcional da química orgânica inserido na classificação das macromoléculas: os glicídios. Em suas moléculas, podemos encontrar as funções orgânicas aldeído e cetona, sendo este um critério para sua identificação laboratorial. De que forma essa característica de identificação associa-se às propriedades redutoras de um glicídio?

OBJETIVO EXPERIMENTAL

Propor reações envolvendo glicídios, sólidos e em solução, a partir do contato direto entre reagentes, sob sistemas de aquecimento e de resfriamento.

DIRETRIZES METODOLÓGICAS

- 1ª parte: verificando a solubilidade dos glicídios.

- Glicídios são compostos de alta polaridade.

- Tomar três tubos de ensaio e colocar em cada um deles uma ponta de espátula de glicose sólida.

- No tubo 1, adicionar 2 mL de água destilada.

- No tubo 2, adicionar 2 mL de álcool etílico.

- No tubo 3, adicionar 3 mL de acetona.

- Agitar os três tubos de ensaio e verificar a solubilidade do glicídio em cada.

- 2ª parte: identificando os glicídios.

a) Glicose: é um monossacarídeo da classe das aldoses. Possui um grupo aldeídico livre, o que lhe confere propriedades redutoras.

- Colocar 5 mL do reativo de Tollens em um tubo de ensaio.

- Adicionar ao tubo 1 mL de solução aquosa grosseira de glicose.

- Aquecer brandamente a solução e verificar alterações no sistema.

- Reproduzir técnicas, utilizando o reativo de Fehling.

b) Sacarose: é um dissacarídeo formado pela união de uma molécula de glicose e uma molécula de frutose, com eliminação de uma molécula de água entre os grupos glicosídicos da glicose e da frutose. Não possui, pois, grupo aldeídico ou cetônico livre e, consequentemente, não apresenta propriedades redutoras.

- Colocar 5 mL do reativo de Tollens em um tubo de ensaio.

- Adicionar ao tubo 1 mL de solução grosseira aquosa de sacarose.

- Aquecer brandamente a solução e verificar inexistência de alterações.

- Reproduzir técnicas, utilizando o reativo de Fehling.

- ADICIONAL: a sacarose, quando aquecida com HCl, hidrolisa-se, desdobrando-se em glicose e frutose. Estes são monossacarídeos e, portanto, redutores.

- Colocar 5 mL de solução grosseira aquosa de sacarose em um tubo de ensaio.

- Adicionar ao tubo 1 mL de solução aquosa grosseira diluída de HCl.

- Em banho-maria, aquecer a solução até ebulição; manter aquecimento por três minutos.

- Resfriar a solução em banho de gelo.

- Neutralizar a solução com NaOH, até alcalinizá-la (controlar com papel medidor de pH).

- Repetir os testes de identificação (2.ª parte desta AEP) com reativos de Tollens e Fehling.

c) Maltose: é um dissacarídeo formado pela união de duas moléculas de glicose, com eliminação de uma molécula de água entre o grupo alcoólico do carbono n.º 4 de uma glicose e o grupo glicosídico da segunda glicose. Possui, pois, um grupo aldeídico livre, o que lhe confere propriedades redutoras.

- Colocar 5 mL do reativo de Tollens em um tubo de ensaio.
- Adicionar ao tubo 1 mL de solução grosseira aquosa de glicose.
- Aquecer brandamente a solução e verificar alterações.
- Reproduzir técnicas, utilizando o reativo de Fehling.

d) Amido: é um polissacarídeo constituído por "n" moléculas de glicose, ligadas umas às outras sucessivamente por grupos alcoólicos e glicosídeos, com eliminação de moléculas de água. Não possui, assim, propriedades redutoras.

- Colocar 5 mL do reativo de Tollens em um tubo de ensaio.
- Adicionar ao tubo 1 mL de solução grosseira aquosa de glicose.
- Aquecer brandamente a solução e verificar alterações.
- Reproduzir técnicas, utilizando o reativo de Fehling.

- ADICIONAL: o amido forma com o iodo um composto de coloração azul intensa, característica.

- Colocar 2 mL de solução grosseira de amido em um tubo de ensaio.

- Adicionar algumas gotas de solução grosseira aquosa de iodo, agitar e verificar a coloração da solução.

- ADICIONAL 2: o amido, quando aquecido com ácido clorídrico, hidroliza-se, produzindo glicose como produto final da reação.

- Colocar 20 mL da solução grosseira aquosa de amido e 1 mL de solução grosseira aquosa de HCl em um béquer de 50 mL.

- Aquecer o béquer sobre uma tela de amianto brandamente, apenas o suficiente para manter a ebulição.

- Cinco minutos após o início da ebulição, retirar 2 mL da solução, colocando 1 mL em dois tubos de ensaio.

- Resfriar os tubos com gelo e realizar os testes com reativos de Tollens e Fehling.

- 3ª parte: realizando a reação de Benedict.

- A reação de Benedict também permite a identificação de glicídios redutores.

- Preparar cinco tubos de ensaio; identificá-los.

- Pipetar para cada um 3 mL do reativo de Benedict.

- Adicionar: no tubo 1, cinco gotas de solução de glicose a 1%; no tubo 2, cinco gotas de solução de sacarose a 1%; no tubo 3, cinco gotas de solução de maltose a 1%; no tubo 4, cinco gotas de solução de amido a 1% e, no tubo 1, cinco gotas de água a 1% (serve para testar o reagente de Benedict, ou seja, é o tubo controle). Todas as soluções utilizadas deverão ser aquosas.

- Solubilizar as soluções e aquecê-las em banho-maria por 3 minutos.

- Observar eventual formação de precipitado nos tubos de ensaio.

- No reativo de Benedict, existe uma pequena porção de hidróxido cúprico com o cuprocitrato de sódio, sal complexo hidrossolúvel, conforme mostra a Equação LVI.

NaO–C(=O)–CH$_2$–C(OCuOH)(COONa)–CH$_2$–C(=O)–ONa + H_2O ⇌ NaO–C(=O)–CH$_2$–C(OH)(COONa)–CH$_2$–C(=O)–ONa + $Cu(OH)_2$ (LVI)

cuprocitrato de sódio — citrato de sódio — hidróxido de cobre II

- Sob a ação do calor e do álcali, o açúcar redutor se decompõe parcialmente em fragmentos oxidáveis, pelo hidróxido cúprico. Nessa reação, o hidróxido cúprico (azul) se reduz a hidróxido cuproso (amarelo), de acordo com a Equação LVII.

$$\mathbf{2Cu(OH)_2 \rightarrow HOCu-CuOH + H_2O + 1/2\ O_2} \quad \text{(LVII)}$$

hidróxido cúprico (azul) — hidróxido cuproso (amarelo)

- Prosseguindo o aquecimento, o hidróxido cuproso perde uma molécula de água e transforma-se em óxido cuproso (vermelho), de acordo com a Equação LVIII.

$$\mathbf{HOCu-CuOH \rightarrow (Cu)_2O + H_2O} \quad \text{(LVIII)}$$

hidróxido cuproso (amarelo) — óxido cuproso (vermelho)

- Tem-se, assim, um teste positivo com o glicídio redutor ao ser tratado com o reativo de Benedict.

QUESTÕES SUGERIDAS

1. Quais glicídios mostraram-se positivos no teste com o reativo de Tollens e com o reativo de Fehling? Como se deu essa identificação?

2. Quais glicídios são tratados como redutores?

3. Montar uma tabela com dados obtidos a partir das reações de Benedict.

REFERÊNCIAS

FELTRE, R. **Química**: Química orgânica. v. 3, 6. ed., São Paulo: Moderna, 2004. p. 320-323.

PERUZZO, T. M.; CANTO, E. L. **Química**: volume único. 2. ed. São Paulo: Moderna, 2003. p. 306-307.

AEP N.° 46

TÍTULO

Lipídios

FUNDAMENTAÇÃO TEÓRICA

Os **lipídios** são substâncias alimentícias de alto conteúdo energético, quer imediatos ou como de reserva. Os mais importantes são os óleos e as gorduras, que apresentam estrutura química semelhante, conforme se evidencia abaixo:

Nas **GORDURAS**, predominam os substituintes de ácidos graxos **saturados**, sendo sólidas em temperatura ambiente. Nos ÓLEOS, predominam os substituintes de ácidos graxos **insaturados**, sendo líquidos em temperatura ambiente.

Os lipídios são sintetizados por organismos vivos a partir de ácidos graxos (ácido carboxílico com longa cadeia alquílica, saturada ou insaturada) e do glicerol. Genericamente, portanto, um lipídio pode ser formado pela reação entre um ácido graxo e o glicerol, conforme mostra a Equação LIX.

$$3\ \underset{\text{ácido graxo}}{\mathrm{R{-}C(=O){-}OH}} + \underset{\text{glicerol}}{\mathrm{HO{-}CH_2{-}CH(OH){-}CH_2{-}OH}} \rightarrow \underset{\text{lipídio}}{\mathrm{(R{-}C(=O){-}O)_3C_3H_5}} + 3H_2O \qquad \text{(LIX)}$$

Como na estrutura do lipídio mostrado em LIX existem três grupos C(O)O, ele é classificado como um triéster, e é também denominado triglicérido ou triglicerídio.

Um éster, quando em solução aquosa de base inorgânica ou de sal básico, originará um sal orgânico e um álcool. Simplificadamente, a Equação LX ilustra esse processo.

$$\underset{\text{éster}}{RC(O)OR'} + \underset{\text{base}}{NaOH} \rightarrow \underset{\text{sal}}{RC(O)ONa} + \underset{\text{álcool}}{R'{-}OH} \qquad \text{(LX)}$$

A hidrólise alcalina de um éster é denominada genericamente **reação de saponificação**, porque, quando é utilizado um éster proveniente de um ácido graxo numa reação dessa natureza, o sal formado recebe o nome de sabão. Como a principal fonte natural de ácidos graxos são os óleos e as gorduras (triglicerídeos), suas hidrólises alcalinas constituem o principal processo para a produção de sabões.

A equação genérica LXI representa a hidrólise alcalina de um óleo ou de uma gordura, e, quando lida em sentido inverso (da direita para a esquerda), pode representar uma reação de esterificação (ver AEP n.º 38).

$$\underset{\text{óleo ou gordura}}{(RC(O)O)_3C_3H_5} \underset{\text{3HA, esterificação}}{\overset{\text{3NaOH, hidrólise}}{\rightleftharpoons}} 3\,\underset{\text{sabão}}{RC(O)ONa} + \underset{\text{glicerol}}{HOCH_2CH(OH)CH_2OH} \qquad \text{(LXI)}$$

A Equação LXI, quando no sentido da saponificação (hidrólise), ilustra alguns dos processos experimentais propostos nesta AEP, a partir dos quais diferentes tipos de sabões serão produzidos.

MATERIAIS

- Balança analítica;
- kit tripé, tela de amianto e bico de Bunsen;
- béquer de 50 mL;
- pera de sucção;

- cápsula de porcelana;
- espátula;
- pipetas graduadas;
- tubos de ensaio e respectiva grade.

REAGENTES

- Ácido clorídrico (HCl) aquoso a 3 mol/L;
- ácido sulfúrico (H_2SO_4) concentrado;
- hidróxido de sódio (NaOH) sólido;
- água destilada;
- álcool etílico;
- benzeno;
- cloreto de cálcio ($CaCl_2$) aquoso;
- sulfato de cobre ($CuSO_4.5H_2O$) aquoso;
- clorofórmio;
- sulfato de magnésio ($MgSO_4$) aquoso.
- fenolftaleína a 1%;
- manteiga;
- óleo de soja;
- sabão;

PROBLEMA(S) PROPOSTO(S)

Os óleos, as gorduras e os sabões, rotineiramente presentes em nosso cotidiano, estão intrinsecamente ligados entre si devido à sua química, tanto em seu aspecto teórico como experimental. Podemos produzir sabões a partir de óleos e de gorduras; alimentamo-nos dos óleos e das gorduras. Sendo assim, quais são as principais diferenças entre ambos, no que se refere ao processo de formação do sabão, ou seja, à reação de saponificação?

OBJETIVO EXPERIMENTAL

Testar algumas propriedades dos lipídios e realizar reações químicas de saponificação em contato direto entre reagentes, utilizando sistemas de aquecimento.

DIRETRIZES METODOLÓGICAS

- 1ª parte: verificando a solubilidade dos lipídios.

- Numerar quatro tubos de ensaio; adicionar algumas gotas de óleo de soja em cada.

- Adicionar: no tubo 1, 2 mL de água destilada; no tubo 2, 2 mL de benzeno; no tubo 3, 2 mL de álcool etílico e no tubo 4, 2 mL de clorofórmio.

- Agitar os sistemas e verificar a solubilidade do lipídio.

- 2ª parte: separando o ácido graxo a partir do sabão.

- Dissolver, em um tubo de ensaio, um pequeno pedaço de sabão em 5 mL de água destilada.

- Aquecer o tubo de ensaio diretamente na chama e agitá-lo para a dissolução do sabão.

- Deixá-lo resfriar em água corrente e adicionar algumas gotas de H_2SO_4 concentrado.

- Manter o sistema em repouso e observar a separação do ácido graxo sob a forma de flocos.

- 3ª parte: realizando a hidrólise do sabão.

- Solubilizar, em um tubo de ensaio, um fragmento de sabão comum em álcool etílico, com auxílio de aquecimento sob imersão (banho-maria).

- Deixar o sistema em repouso para resfriamento e efetuar um teste de alcalinidade com três gotas de solução alcoólica de fenolftaleína a 1%.

- A solução deverá permanecer incolor, mas tornar-se-á vermelha ao se acrescentar água.

- 4ª parte: propondo uma reação de saponificação.

- Em uma cápsula de porcelana, aquecer até ebulição 5 g de manteiga em 25 mL de solução aquosa grosseira de NaOH.

- Agitar o sistema e observar formação de uma espuma.

- Depois de 30 minutos de fervura, deixar resfriar naturalmente.

- Verificar a formação de duas camadas distintas; a inferior é glicerina, a superior é o sabão.

- 5ª parte: preparando diferentes tipos de sabão.

- Medir a massa de 1,5 g de $NaOH_{(s)}$ e solubilizá-la em um tubo de ensaio com 2 mL de água.

- Medir a massa de 5 g de óleo de soja em um béquer.

- Adicionar, sob pequenas porções, a solução produzida de NaOH, agitando com bastão de vidro e aguardando término da reação para adicionar nova porção (cuidado! Pode haver projeção da solução).

- Após ter adicionado toda a solução de NaOH, continuar o aquecimento por mais 30 minutos.

- Deixar resfriar naturalmente o sabão formado e retirá-lo do béquer.

- Colocar 2 g do sabão produzido em um béquer e adicionar 100 mL de água destilada.

- Aquecer até a ebulição para solubilização do sabão e formação de uma solução.

- Resfriá-la naturalmente.

- Em um tubo de ensaio, colocar 5 mL da solução aquosa do sabão.

- Adicionar ao sistema 1 mL de solução aquosa de HCl a 3 mol/L.

- Observar a separação dos ácidos graxos.

- Em outro tubo de ensaio, colocar 5 mL da solução aquosa do sabão.

- Adicionar ao tubo 1 mL de $CuSO_4.5H_2O$ em solução aquosa grosseira.

- Observar a precipitação do "sabão de cobre".

- Em outro tubo de ensaio, colocar 5 mL da solução aquosa do sabão.

- Adicionar ao tubo 1 mL de $MgSO_4$ em solução aquosa grosseira.

- Observar a precipitação do "sabão de magnésio".

- Em outro tubo de ensaio, colocar 5 mL da solução aquosa do sabão.

- Adicionar ao tubo 1 mL de $CaCl_2$ em solução aquosa grosseira.
- Observar a precipitação do "sabão de cálcio".

QUESTÕES SUGERIDAS

1. (a) Definir lipídios e citar exemplos. (b) Por que alguns lipídios são ditos triglicerídeos?

2. Expor a diferença estrutural entre óleos e gorduras.

3. Explicar o princípio de limpeza dos sabões, baseando-se em sua solubilidade.

4. Pesquisar a forma pela qual o organismo humano armazena energia.

REFERÊNCIAS

FELTRE, R. **Química**: Química orgânica. v. 3, 6. ed., São Paulo: Moderna, 2004. p. 335-343.

PERUZZO, T. M.; CANTO, E. L. **Química**: volume único. 2. ed. São Paulo: Moderna, 2003. p. 311-314.

ATIVIDADE EXPERIMENTAL PROBLEMATIZADA (AEP)

COMPOSTOS ORGÂNICOS E MACROMOLÉCULAS

AEP N.º 47

TÍTULO

Proteínas

FUNDAMENTAÇÃO TEÓRICA

As **proteínas** compreendem um grupo de substâncias de fundamental importância, pois se encontram, sem exceção, em todos os organismos vivos. Contêm em sua estrutura carbono, hidrogênio, oxigênio e nitrogênio. Em alguns casos, contêm enxofre e, mais raramente, iodo, ferro e fósforo.

Por hidrólise, produzem **aminoácidos** (*aa*), os quais são seus compostos formadores. *Aa*, ao ligarem-se entre si, formam peptídeos, que então formam as proteínas.

Proteínas, portanto, são substâncias moleculares complexas, de altos pesos moleculares, formadas principalmente por *aa* ligados entre si por ligações peptídicas. Os *aa* apresentam a fórmula estrutural genérica mostrada na Figura 35.

```
                          H
                          |
grupo amínico → H2N — C — COOH ← grupo carboxílico
                          |
     cadeia lateral →     R
```

FIGURA 35 – REPRESENTAÇÃO GERAL DOS AMINOÁCIDOS
FONTE: Os autores.

Desse modo, podemos ver que o que caracteriza um *aa* é um carbono (denominado de carbono *alfa*) ligado a um grupamento carboxílico, a um grupamento amínico, a um átomo de hidrogênio e a uma cadeia lateral ou grupo substituinte (R), sendo esse substituinte a única distinção entre um aminoácido e outro.

As proteínas podem reagir quimicamente pelo grupo carboxílico, pelo grupo amínico ou pelo substituinte R. As reações geradas pelo grupo carboxílico ou pelo grupo amínico são as reações gerais dos *aa*, e são denominadas de **reações peptídicas**. Um exemplo de uma reação peptídica pode ser visto na Equação LVII, onde se verifica a reação química entre dois *aa*, a glicina e a alanina, a qual origina um dipeptídeo.

$$H_2N-CH_2-C(=O)-OH + H_2N-CH(CH_3)-C(=O)-OH \rightarrow H_2N-CH_2-C(=O)-NH-CH(CH_3)-C(=O)-OH + H_2O \qquad \text{(LXII)}$$

glicina (*aa*) — alanina (*aa*) — glicil-alanina (dipeptídeo)

Pode-se notar que a glicina reage com a alanina pelo grupamento carboxílico da primeira e pelo grupamento amínico da segunda, dando origem a um dipeptídeo a partir de uma ligação amídica (ou peptídica) e liberando uma molécula de água. Temos, portanto, uma característica reação peptídica.

Ao partir de um determinado número de *aa* ligados entre si, teremos, ao invés de um peptídeo, uma proteína. As proteínas possuem várias funções biológicas, dentre elas: estrutural, de transporte, reguladora e de armazenamento.

Nos processos experimentais a seguir, será utilizada, como solução proteica, a clara do ovo de galinha, ou seja, a albumina do ovo, proteína denominada de completa por oferecer o total de *aa* necessários à nutrição humana e, assim, conter os *aa* necessários à caracterização proteica experimental.

MATERIAIS

- Béqueres de 100 mL;
- pipetas graduadas;
- kit tripé, tela de amianto e bico de Bunsen;
- tubos de ensaio e respectiva grade.
- pera de sucção;

REAGENTES

- Acetato de chumbo em solução aquosa a 10%;
- ácido nítrico (HNO_3) concentrado;
- albumina do ovo (clara do ovo de galinha em 10%; solução aquosa);
- água destilada;
- hidróxido de sódio (NaOH) em solução aquosa a 10%;
- hipoclorito de sódio (NaClO) em solução aquosa a 0,5%;
- sulfato de cobre penta-hidratado ($CuSO_4.5H_2O$) em solução aquosa a 1%;
- α-naftol em solução aquosa a 1%.

PROBLEMA(S) PROPOSTO(S)

Além de outras, a função estrutural que as proteínas desempenham em nosso organismo é de fundamental importância, razão pela qual dietas carentes em proteínas podem ser extremamente perigosas à saúde. Laboratorialmente, podemos identificar uma proteína a partir de algumas de suas reações características, produzindo-se efeitos facilmente observáveis. Como esses efeitos podem ser descritos?

OBJETIVO EXPERIMENTAL

Realizar determinados testes experimentais, tendo-se como reagente principal a albumina, a partir do contato direto entre reagentes, em sistemas de precipitação e aquecimento.

DIRETRIZES METODOLÓGICAS

- 1ª parte: preparando a solução de proteína.

- Quebrar um ovo de galinha e colocar a clara em um béquer de 100 mL e a gema em outro.

- Adicionar 50 mL de água destilada ao béquer contendo a clara e 50 mL de água destilada ao béquer contendo a gema.

- Homogeneizar os sistemas, obtendo-se assim uma solução de clara (proteica) e uma solução de gema.

- 2ª parte: verificando algumas propriedades gerais das proteínas.

- Quando em meio fortemente básico, o íon cobre II reage com proteínas; ocorre então a denominada reação de Biureto, com a formação de um complexo de cor intensa, de acordo com a Figura 36. Sendo assim, alimentos que contêm proteínas originam a reação de Biureto.

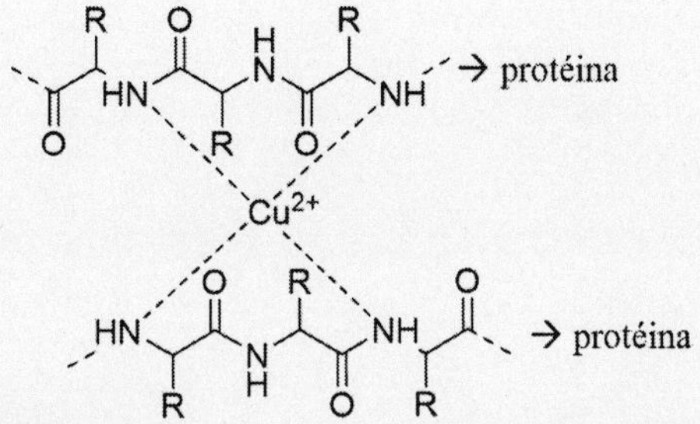

FIGURA 36 – ESQUEMA DO COMPLEXO FORMADO ENTRE PROTEÍNA E ÍON COBRE II, NA REAÇÃO DO BIURETO

FONTE: Os autores.

- Colocar 10 mL da solução de clara em um copo de béquer e gotejar cinco gotas de solução aquosa de $CuSO_4.5H_2O$ a 1%.

- Agitar a mistura e, a seguir, acrescentar 2,5 mL de solução aquosa de NaOH a 10%.

- Agitar o sistema durante 5 minutos.

- Verificar o surgimento de uma coloração violeta (púrpura) ou lilás, indicando teste positivo.

- Repetir procedimentos acima (desta 2ª parte) com a solução de gema ao invés da solução de clara.

- Identificar, por teste negativo, ausência de proteínas nessa segunda solução testada.

- 3ª parte: propondo algumas reações específicas das proteínas.

a) Reação Xantoprotéica:

- proteínas que possuem aminoácidos que apresentam na cadeia lateral o grupo fenila ativado, tais como a tirosina e o triptofano, podem reagir com o ácido nítrico, gerando o respectivo produto nitrado. Adicionado ao meio reacional uma base, será obtida uma coloração amarelo-alaranjada. A Equação LXIII exemplifica essa reação, tomando como exemplo a tirosina.

- Em um tubo de ensaio, colocar 3 mL de solução de albumina do ovo.

- Adicionar 1 mL de HNO_3 concentrado.

- Verificar a formação de um precipitado branco devido à ação ácida sobre a proteína.

- Aquecer o sistema, com cuidado, mantendo fervura por um minuto.

- Esfriar o tubo em água corrente e adicionar, lenta e cuidadosamente, solução aquosa de NaOH a 10%.

- Verificar o predomínio de uma coloração amarelo-alaranjada no sistema.

tirosina

$\xrightarrow{HNO_3}$ + H_2O

(LXIII)

b) Reação de Sakaguchi:

- em um tubo de ensaio, colocar 3 mL de solução de albumina do ovo.

- Adicionar 1 mL de solução aquosa de NaOH a 10%.

- Adicionar à mistura cinco gotas de α-naftol a 1% (aquoso).

- Acrescentar 2 mL de solução aquosa de hipoclorito de sódio a 0,5%.

- A reação será positiva pelo aparecimento de uma coloração vermelha, lentamente.

c) Reação do grupo sulfidrila (SH):

- em um tubo de ensaio, colocar 2 mL da solução de albumina do ovo.

- Acrescentar ao tubo 1 mL de solução aquosa de NaOH a 10%.

- Manter aquecimento sob fervura por 2 minutos.

- Adicionar algumas gotas de solução aquosa de acetato de chumbo a 10%.

- Verificar o escurecimento do sistema.

QUESTÕES SUGERIDAS

1. Esquematizar procedimentos adotados e os resultados positivos obtidos.

2. Qual é a principal diferença entre peptídeos e proteínas?

3. Em que se caracteriza uma reação peptídica?

4. O que podemos compreender por "alimentos representativos de fonte completa de proteínas"? Quais os exemplificam?

REFERÊNCIAS

FELTRE, R. **Química**: Química orgânica. v. 3, 6. ed., São Paulo: Moderna, 2004. p. 365-367.

NELSON, D. L.; COX, M. M. **Princípios de Bioquímica de Lehninger**. 6. ed., Porto Alegre: Artmed, 2014. p. 76-89.

PERUZZO, T. M.; CANTO, E. L. **Química**: volume único. 2. ed. São Paulo: Moderna, 2003. p. 309.

AEP N.° 48

TÍTULO

Desnaturação e precipitação de proteínas

FUNDAMENTAÇÃO TEÓRICA

A solubilidade de uma proteína em água é muito variável e depende, fundamentalmente, da distribuição e da proporção dos grupos polares (hidrofílicos) e dos apolares (hidrofóbicos) ao longo de sua molécula.

Uma proteína que possua muitos grupos carregados positivamente e negativamente (oriundos de cadeias laterais dos aminoácidos) irá interagir uma com as outras, com pequenos íons de cargas opostas e com a água. Assim, ocorrem interações proteína-proteína e proteína-água. Se a interação proteína-proteína é grande e a interação proteína-água é pequena, a proteína tenderá a ser insolúvel. Por outro lado, se a interação proteína-água é alta, a proteína tenderá a ser solúvel. Qualquer condição que aumente a interação proteína-proteína, ou reduza a interação proteína-água, decrescerá a solubilidade da proteína em água (hidrossolubilidade). Com isso, muitas proteínas são insolúveis em água ou soluções salinas.

Uma proteína, composta por vários aminoácidos, apresenta quatro estruturas moleculares concomitantes, denominadas como primária, secundária, terciária e quaternária. A estrutura primária mostra a disposição dos aminoácidos na estrutura proteica, a secundária mostra um primeiro enrolamento desses aminoácidos por meio, basicamente, de ligações de hidrogênio. Ao se dobrarem entre si, a estrutura secundária dá origem a uma terciária, como resultado de outras interações químicas, como pontes dissulfeto, por exemplo. A estrutura quaternária trata-se de várias estruturas terciárias unidas, conferindo à molécula de proteína uma forma de enovelamento. A Figura 37 busca ilustrar essas estruturas e suas distinções.

As proteínas possuem, portanto, uma estrutura tridimensional bem definida, que está relacionada com suas propriedades físicas, químicas e biológicas. A modificação na estrutura tridimensional nativa de uma proteína, com a consequente alteração de suas propriedades, é conhecida como **desnaturação**. A desnaturação envolve alterações nas estruturas quaternárias, terciária e secundária; a estrutura primária da proteína não é afetada. A desnaturação, em geral, decresce a **solubilidade** das proteínas.

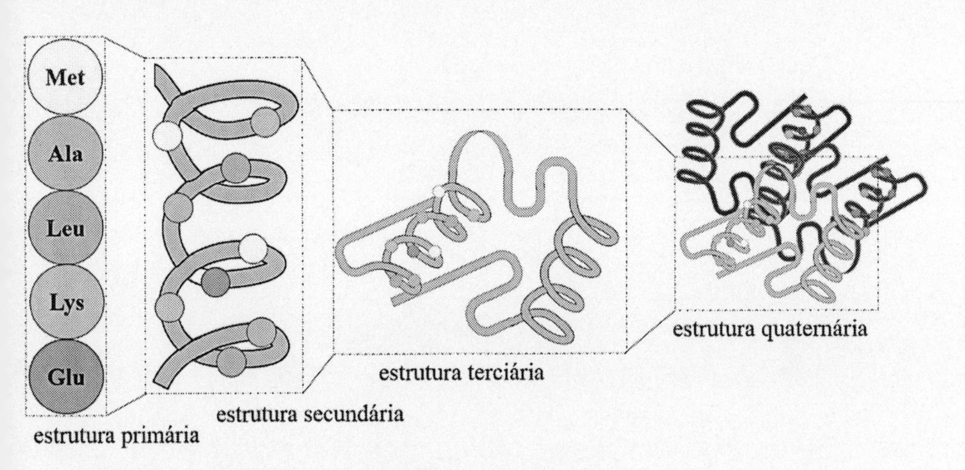

FIGURA 37 – ESTRUTURAS MOLECULARES DE UMA PROTEÍNA
FONTE: Os autores.

Existem vários agentes causadores da desnaturação de uma proteína, tais como: calor, ácidos, álcalis, solventes orgânicos, soluções concentradas de ureia, detergentes, sais de metais pesados etc. Como consequência da desnaturação proteica, podemos observar os seguintes efeitos: diminuição de solubilidade, perda da atividade biológica, alterações na viscosidade e coeficiente de sedimentação, entre outros.

A diminuição da solubilidade pode ser explicada pela exposição de radicais hidrofóbicos e outros que prejudicam a interação proteína-água e favorecem a interação proteína-proteína. A desnaturação é o evento primário e importante. Outros efeitos, como floculação ou coagulação, são manifestações visíveis das alterações causadas pelos agentes desnaturantes.

Essas reações de **precipitação** com desnaturação, além de serem úteis para caracterizar a presença de proteínas em uma solução, também o são para se fazer a desproteinização de líquidos biológicos para análise de componentes não proteicos. Assim como os glicídios (oses) têm poder redutor e como as gorduras têm propriedades de saponificação, as proteínas têm também uma característica principal, que é a sua capacidade de precipitação, frente a ácidos fortes, sais de metais pesados e alguns ácidos chamados "reagentes alcaloides". São ainda precipitáveis, de um modo geral, por álcool etílico e outros solventes.

MATERIAIS

- Kit tripé, tela de amianto e bico de Bunsen;
- pipetas de 1 mL;
- pera de sucção;
- tubos de ensaio e respectiva grade.

REAGENTES

- Acetona;
- cloreto de mercúrio ($HgCl_2$) aquoso a 0,5%;
- ácido clorídrico (HCl) aquoso;
- éter dietílico;
- ácido nítrico (HNO_3) concentrado;
- nitrato de prata ($AgNO_3$) aquoso a 0,5%;
- albumina do ovo de galinha;
- sulfato de cobre ($CuSO_4.5H_2O$) aquoso a 0,5%.
- álcool etílico;

PROBLEMA(S) PROPOSTO(S)

A partir da desnaturação, podemos ter a identificação experimental de uma proteína, sendo esse fenômeno observável por meio de uma precipitação. Entretanto, a precipitação segue da desnaturação, e não o contrário, sendo esse apenas um dos efeitos do fenômeno da desnaturação proteica. Sendo assim, como podemos experimentalmente identificar uma desnaturação, além do reconhecimento da precipitação?

OBJETIVO EXPERIMENTAL

Realizar técnicas resultantes na precipitação de proteínas, a partir de reações químicas provocadas pelo contato entre reagentes, envolvendo ácidos, metais e solventes orgânicos.

DIRETRIZES METODOLÓGICAS

- 1ª parte: precipitando uma proteína por ação do calor.

- O calor desnatura (precipita) as proteínas, transformando-as em proteínas que são insolúveis, por modificação na sua estrutura.

- Em um tubo de ensaio, colocar 2 mL de solução de proteína (albumina do ovo de galinha; ver AEP n.º 47).

- Aquecer o tubo diretamente na chama de um bico de Bunsen, sem agitar o sistema.

- Verificar a formação de um coágulo branco representativo de proteína desnaturada.

- 2ª parte: precipitando uma proteína por ação de ácidos.

- Essa reação é conhecida por reação de Heller; os ácidos fortes desnaturam (precipitam) as proteínas, transformando-as em meta-proteínas, que são insolúveis.

- Em um tubo de ensaio, colocar 1 mL de HNO_3 concentrado (em capela, com as medidas necessárias de segurança).

- Cuidadosamente, pelas paredes do tubo, adicionar 1 mL de solução aquosa de proteína, tendo o cuidado para as substâncias não se misturarem completamente.

- Verificar, na junção entre os líquidos, a formação de um anel branco de proteína precipitada.

- Outros ácidos fortes, como o ácido clorídrico (HCl) e o ácido sulfúrico (H_2SO_4) também conferem testes positivos com a albumina.

- Repetir essa técnica utilizando o HCl concentrado (em capela, com as medidas necessárias de segurança); anotar diferenças entre o uso dos dois ácidos.

- <u>3ª parte: precipitando uma proteína por ação de metais pesados.</u>

- Em pH situado do lado alcalino do seu ponto isoelétrico, algumas proteínas combinam-se com cátions de metais pesados, formando proteinatos insolúveis. Os sais de metais pesados reagem, por meio de seu cátion, com o ânion da proteína, formando então os proteinatos; no caso do mercúrio, da prata e do cobre, esses proteinatos são insolúveis e, portanto, precipitam.

- Em três tubos de ensaio, colocar 2 mL em cada de solução aquosa de proteína.

- No tubo 1, colocar cinco gotas de solução aquosa de $HgCl_2$ a 0,5%, no tubo 2, cinco gotas de solução aquosa de $AgNO_3$ a 0,5% e, no tubo 3, cinco gotas de solução aquosa de $CuSO_4.5H_2O$ a 0,5%.

- Verificar a formação, em todos os tubos de ensaio, de um precipitado branco.

- <u>4ª parte: precipitando uma proteína por ação de solventes orgânicos.</u>

- A adição de solventes orgânicos, como álcool etílico, éter e acetona, às soluções aquosas de proteínas podem levar à sua precipitação, por rearranjo de sua estrutura tridimensional.

- Em um tubo de ensaio, colocar 1 mL de solução aquosa de proteína.

- Adicionar ao tubo álcool etílico até a formação de precipitado de coloração branca.

QUESTÕES SUGERIDAS

1. Citar diferenças entre uma precipitação e uma desnaturação proteica.

2. Quais são os principais fatores responsáveis pela desnaturação das proteínas e como atuam?

3. Elaborar um roteiro com relação aos resultados experimentais obtidos.

4. Por que a estrutura primária de uma proteína não é afetada pelo processo da desnaturação?

REFERÊNCIAS

ATKINS, P.; JONES, L. **Princípios de química**: questionando a vida moderna e o meio ambiente. 5. ed. Porto Alegre: Bookman, 2012. p. 777-781.

FELTRE, R. **Química**: Química orgânica. v. 3, 6. ed., São Paulo: Moderna, 2004. p. 367-369.

NELSON, D. L.; COX, M. M. **Princípios de Bioquímica de Lehninger**. 6. ed., Porto Alegre: Artmed, 2014. p. 76-89.

UNIDADE IV

DO LABORATÓRIO À INDÚSTRIA QUÍMICA

AEP N.° 49

TÍTULO

Síntese orgânica do iodofórmio a partir de diferentes reagentes de partida

FUNDAMENTAÇÃO TEÓRICA

A **tintura de iodo** trata-se de uma solução aquosa onde se estabelece um equilíbrio químico entre espécies iônicas do iodo, equilíbrio este representado pela Equação LXIV.

$$I^{-}_{(aq)} + I_{2(aq)} \rightleftharpoons I_{3}^{-}{}_{(aq)} \qquad \text{(LXIV)}$$

Ao se tratar a acetona ($CH_3C(O)CH_3$) ou o etanol (CH_3CH_2OH) com tintura de iodo, em meio básico, na presença de solução aquosa de hidróxido de sódio (NaOH), ocorre a formação do iodofórmio (CHI_3), um sólido amarelo-claro, insolúvel em água. Abaixo, temos a equação que representa esse processo em acetona (LXV) e em etanol (LXVI).

$$\mathbf{CH_3C(O)CH_3 + 3I_2 + 4NaOH \rightarrow CH_3C(O)ONa + CHI_3 + 3NaI + 3H_2O} \quad \text{(LXV)}$$

$$\mathbf{CH_3CH_2OH + 4I_2 + 5NaOH \rightarrow HC(O)ONa + CHI_3 + 5NaI + 4H_2O} \quad \text{(LXVI)}$$

Ambas as reações ocorrem por mecanismos bem estabelecidos e elucidados. Na Figura 38, é mostrado o mecanismo de reação para a formação do iodofórmio a partir da acetona.

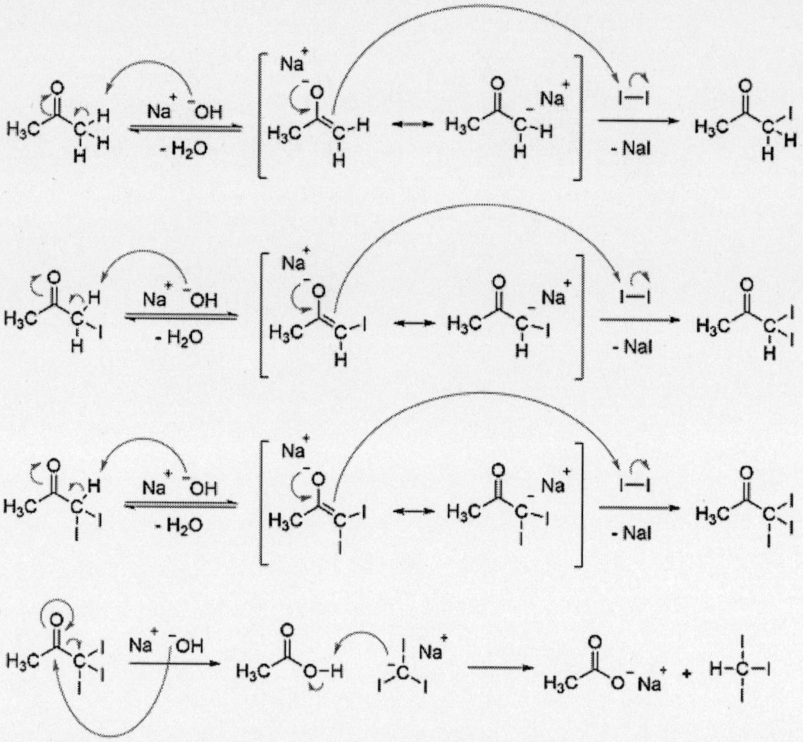

FIGURA 38 – MECANISMO DE SÍNTESE DO IODOFÓRMIO (CHI_3) A PARTIR DA ACETONA
FONTE: Os autores.

Na Figura 39, é mostrado o mecanismo de reação para a formação do iodofórmio a partir do etanol, no qual se forma um aldeído, o etanal (intermediário da reação), que, por sua vez, reage da mesma forma que acetona para a formação do iodofórmio.

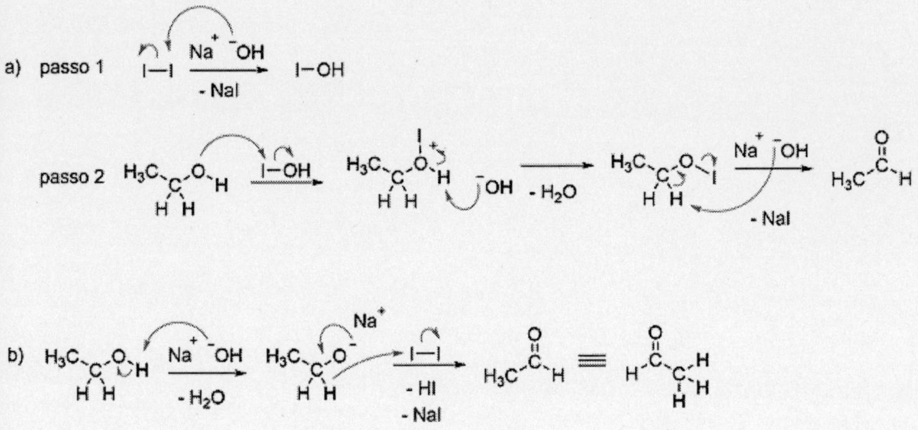

FIGURA 39 – MECANISMOS DE SÍNTESE DO IODOFÓRMIO (CHI_3) PROPOSTOS (***A*** E ***B***), A PARTIR DO ETANOL

FONTE: Os autores.

O chamado teste do iodofórmio é empregado para a identificação de metil-cetonas, ou seja, para cetonas que possuem o substituinte metila (CH_3) ao lado do grupo carbonila (C=O). Esse teste confere resultado positivo também para álcoois secundários com a metila ligada ao carbono que possui a hidroxila do álcool (exemplo: 2-pentanol), pois estes passam por um intermediário metil-cetona, que, posteriormente, é oxidado a ácido carboxílico. O etanol é o único álcool primário, e o etanal é o único aldeído, que apresentam teste positivo para o iodofórmio. Dessa maneira, esse procedimento também pode ser aplicado para a obtenção de ácidos carboxílicos a partir de metil-cetonas.

O iodofórmio trata-se de um composto utilizado como medicamento antisséptico e agente anti-infeccioso de uso tópico. Tem uso veterinário corriqueiro como antisséptico e como desinfetante para lesões superficiais.

MATERIAIS

- Béquer de 100 mL;
- frascos para armazenamento de reagentes;
- sistema para filtração gravitacional.

REAGENTES

- Acetona;
- água destilada;
- etanol;
- hidróxido de sódio (NaOH) aquoso a 3 mol/L;
- tintura de iodo (I_2).

PROBLEMA(S) PROPOSTO(S)

A síntese química, a partir de compostos de partida distintos, é muito empregada no laboratório a fim de averiguação de possíveis vantagens econômicas, antes de passar-se às sínteses industriais. O iodofórmio, por exemplo, pode ser sintetizado tanto a partir da acetona como do etanol. Nesse caso, como podemos nos posicionar com relação às vantagens de um processo em detrimento de outro?

OBJETIVO EXPERIMENTAL

Realizar experimentalmente a síntese de um medicamento, o iodofórmio, sob variação de um reagente por síntese, a partir do contato direto entre reagentes, utilizando purificação do produto por filtração.

DIRETRIZES METODOLÓGICAS

- 1ª parte: sintetizando o iodofórmio a partir da acetona.

- Colocar 50 mL de água destilada e 2,5 mL de solução aquosa de NaOH a 3 mol/L em um copo de béquer.

- Homogeneizar o sistema e adicionar 5 mL de acetona.

- Sob agitação constante, adicionar 10 gotas de tintura de iodo.

- Agitar a mistura durante 5 minutos e verificar a formação de um precipitado amarelo-claro.

- Medir a massa de um papel-filtro e utilizá-lo para filtrar o precipitado.

- Calcular a massa do precipitado (iodofórmio); armazená-lo em frasco apropriado, identificando o solvente de partida.

- 2ª parte: sintetizando o iodofórmio a partir do etanol.

- Colocar 50 mL de água destilada e 2,5 mL de solução aquosa de NaOH a 3 mol/L em um copo de béquer.

- Homogeneizar o sistema e adicionar 2,5 mL de etanol.

- Sob agitação constante, adicionar 40 gotas de tintura de iodo.

- Agitar a mistura durante 10 minutos e verificar a formação de um precipitado amarelo-claro.

- Caso necessário, trabalhar com NaOH sólido (cerca de 2 g).

- Medir a massa de um papel-filtro e utilizá-lo para filtrar o precipitado.

- Calcular a massa do precipitado (iodofórmio); armazená-lo em frasco apropriado, identificando o solvente de partida.

QUESTÕES SUGERIDAS

1. Considerando as diferenças estequiométricas dos processos realizados, qual dos reagentes de partida se mostrou mais eficiente na síntese do iodofórmio?

2. Elaborar uma hipótese para um dos reagentes ter se mostrado mais eficiente em relação ao rendimento das sínteses.

3. Calcular essa diferença de rendimento.

4. Pesquisar outras aplicabilidades para o produto da síntese.

5. Propor o mecanismo de reação para o 2-pentanol. Quais são as diferenças quando comparado com o etanol?

6. A reação em questão ocorreria se fosse utilizado metanol como reagente? Explique.

REFERÊNCIAS

SOLOMONS, T. W. G.; FRYHLE, C. B.; SNYDER, S. A. **Organic Chemistry**. 11. ed., Wiley, 2014. p. 828-829.

WADE, L. G. **Organic chemistry**. 8. ed., Pearson Education, 2012. p. 1056-1057.

ATIVIDADE EXPERIMENTAL PROBLEMATIZADA (AEP)

DO LABORATÓRIO À INDÚSTRIA QUÍMICA

AEP N.° 50

TÍTULO

Cromatografia

FUNDAMENTAÇÃO TEÓRICA

O termo **cromatografia** vem do grego, e significa escrita por meio das cores. Os primeiros experimentos cromatográficos foram realizados no início do século passado pelo botânico russo Michael Tswett (1872 – 1919) com o objetivo de investigar os pigmentos das folhas. Hoje, é corriqueiro em laboratórios, para a separação, purificação e identificação de numerosas substâncias orgânicas e inorgânicas, visto ser uma técnica simples e de baixo custo quando comparada a outras de mesmo propósito.

Atualmente, a cromatografia é um método usado fundamentalmente para separar os componentes de uma amostra, na qual se distinguem, a partir de suas interações, duas fases: uma **estacionária** e outra **móvel**. A fase estacionária é constituída por componentes químicos, geralmente sólidos, fixos, com posição definida no sistema cromatográfico (uma coluna, por exemplo). A fase móvel trata-se do solvente utilizado no processo.

Os principais processos cromatográficos são: cromatografia em papel, cromatografia em camada delgada (CCD), cromatografia em coluna e cromatografia em fase gasosa.

Na cromatografia em papel, a fase estacionária é o papel colocado em uma cuba, com o eluente (solvente) na fase inferior do sistema. A fase móvel é o eluente, que sobe pelo papel, carregando as substâncias que compõem as misturas. As diferentes substâncias sobem com velocidades distintas devido à sua polaridade, isso porque interagem de forma diferente com o eluente e com o papel. As substâncias que possuem maior afinidade pelo eluente sobem mais rapidamente, enquanto que as que possuem maior afinidade pela estrutura do papel são arrastadas mais lentamente pelo eluente. Dessa forma, ocorre a separação de pigmentos, sendo possível "visualizarmos" diferentes componentes, de uma dada substância ou mistura, por intermédio da diferença de coloração originada pelos componentes.

MATERIAIS

- Algodão;
- frasco para armazenagem de soluções;
- bastão de vidro;
- béqueres de 100 mL e 500 mL;
- kit tripé, tela de amianto e bico de Bunsen;
- capilar;
- conjunto almofariz e pistilo;
- cuba de vidro;
- fita adesiva;
- funil;
- lápis e régua;
- papel filtro;
- pera de sucção;
- pipeta de 5 mL.

REAGENTES

- Água destilada;
- corante verde, líquido ou em solução;
- corante vermelho, líquido ou em solução;
- espinafre;
- etanol.

PROBLEMA(S) PROPOSTO(S)

A separação entre pigmentos orgânicos a partir de um único extrato, como uma solução alcoólica de espinafre, por exemplo, é muito útil para posterior identificação química dos compostos moleculares presentes nesse pigmento. A cromatografia, assim, apresenta vasta aplicabilidade nesse contexto. No caso de um extrato de espinafre, qual solvente possui maior eficiência cromatográfica: um polar, como o etanol, ou um apolar, como o hexano?

OBJETIVO EXPERIMENTAL

Realizar extrações cromatográficas a partir da evaporação de solventes orgânicos.

DIRETRIZES METODOLÓGICAS

- 1ª parte: preparando um extrato orgânico.

- Colocar cerca de 100 mL de água destilada em um béquer e aquecê-la até ebulição.

- Cortar em pequenos fragmentos algumas folhas de espinafre e colocá-las na água fervente por cerca de 3 minutos.

- Retirar as folhas cozidas do béquer e transferi-las a um almofariz.

- Com auxílio de um pistilo, macerar as folhas com aproximadamente 5 mL de etanol até obtenção de um extrato concentrado, líquido. Caso a solução apresente-se muito viscosa, acrescentar um pouco de álcool, até redução da viscosidade.

- Colocar um chumaço de algodão no interior de um funil e filtrar o extrato.

- Acondicionar essa essência alcoólica de espinafre em frasco apropriado.

- 2ª parte: improvisando uma extração cromatográfica.

- Adicionar cerca de 20 mL do extrato orgânico (1ª parte) a um béquer de 100 mL.

- Obter uma tira de papel-filtro retangular de dimensões 5 cm x 13 cm.

- Fixar o lado mais estreito da tira de papel-filtro ao centro do corpo de um bastão de vidro, de modo que a tira fique imersa no extrato orgânico, conforme mostra a Figura 40.

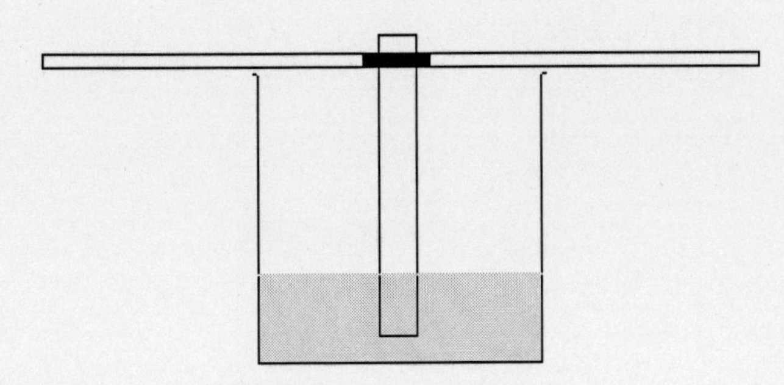

FIGURA 40 – ESQUEMA DA CROMATOGRAFIA EM PAPEL

FONTE: Os autores.

- Verificar a subida da amostra pelo papel filtro, em diferentes faixas de colorações.

- 3ª parte: preparando uma placa cromatográfica.

- Obter uma tira de papel-filtro retangular de dimensões 5 cm x 13 cm.

-Traçar, com um lápis, uma linha a 2 cm da base de menor dimensão, chamada *linha da base*.

- Sobre a linha da base, aplicar, com auxílio de um capilar (ou uma pipeta), um ponto de corante verde e, ao lado, um ponto de corante vermelho (pontos com no máximo 2 mm).

- Em cada corante, realizar cinco aplicações sucessivas, esperando o tempo necessário para a secagem da aplicação anterior.

- Aguardar a secagem e verificar a obtenção de duas manchas sobre a linha da base, uma verde e outra vermelha.

- 4ª parte: utilizando a placa cromatográfica.

- Essa técnica é denominada cromatografia em camada delgada (CCD).

- Cobrir o fundo de uma cuba de vidro com etanol.

- Dobrar um papel-filtro e introduzi-lo na cuba, de modo que apenas uma de suas paredes fique visível internamente.

- Saturar a cuba com o etanol, cobrindo-a com um vidro de relógio; aguardar por 5 minutos.

- Inserir a placa preparada com os corantes, no interior da cuba, de modo que a fração líquida de etanol não tenha contato com as manchas da linha da base, como mostra a Figura 41.

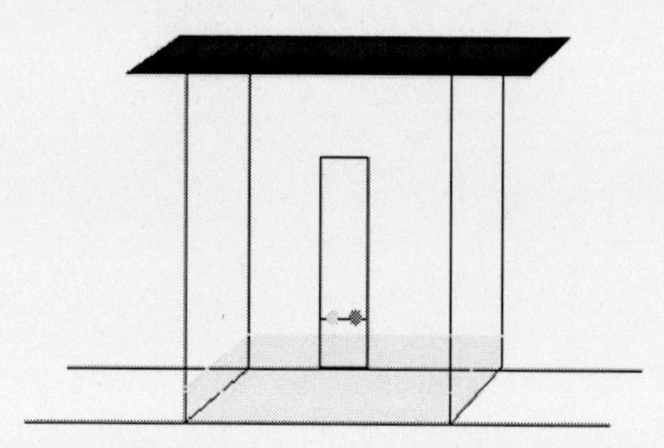

FIGURA 41 – ESQUEMA DA CROMATOGRAFIA EM CAMADA DELGADA (CCD)
FONTE: Os autores.

- Verificar que apenas um dos corantes será arrastado pelo solvente (etanol).

• 5ª parte: realizando uma CCD com o extrato orgânico.

- Com auxílio de um capilar, adicionar uma gota da amostra de extrato orgânico de espinafre em uma placa cromatográfica, preparada como no procedimento anterior (4ª parte).

- Introduzir essa placa no interior da cuba de vidro, de modo que o solvente contido no fundo não tenha contato direto com a amostra na placa.

- Verificar a eficácia do solvente no arraste da amostra; comparar o resultado com o comportamento obtido na 2ª parte desta AEP.

- Repetir esse procedimento utilizando um solvente de diferente polaridade.

QUESTÕES SUGERIDAS

1. Qual é a finalidade do etanol no processo cromatográfico empregado?

2. Que princípio químico, fundamentalmente, é utilizado em técnicas cromatográficas?

3. No que se distinguem as fases móvel e estacionária em um processo cromatográfico?

4. Quais foram as colorações das substâncias obtidas no papel-filtro e quantas substâncias foram separadas pelos processos? Tabele os resultados desta AEP.

5. Quais classificações cromatográficas foram tratadas experimentalmente?

REFERÊNCIAS

ATKINS, P.; JONES, L. **Princípios de química**: questionando a vida moderna e o meio ambiente. 5ª ed. Porto Alegre: Bookman, 2012. p. 381–382.

BROWN, T. L.; LEMAY Jr, H. E.; BURSTEN, B. E. **Química:** a ciência central. 9. ed., São Paulo: Pearson Prentice Hall, 2005. p. 10–11.

ATIVIDADE EXPERIMENTAL PROBLEMATIZADA (AEP)

DO LABORATÓRIO À INDÚSTRIA QUÍMICA

AEP N.° 51

TÍTULO

Determinação do PRNT do calcário por volumetria de retorno

FUNDAMENTAÇÃO TEÓRICA

O carbonato de cálcio ($CaCO_3$), ou simplesmente **calcário**, trata-se de uma rocha sedimentar muito utilizada na agricultura para a correção do pH do solo. O solo, muitas vezes, adquire um caráter ácido devido à presença dos íons H^+ e Al^{3+}, sendo necessária a aplicação do calcário para deixá-lo com um valor de pH próximo de 6,5, pois, assim, os nutrientes ficam mais disponíveis às plantas.

Para se considerar um calcário de boa qualidade, este deve ter em média de 70 a 80% de $CaCO_3$ e de 20 a 30% de óxido de cálcio (CaO). O termo poder relativo de neutralização total, PRNT, refere-se ao poder de neutralização dessas duas espécies químicas, que leva em consideração a capacidade de neutralização em equivalentes de $CaCO_3$ (PN) e a reatividade (RE) do material, que se baseia na sua granulometria. O PRNT pode ser calculado pela expressão:

$$\% \text{ PRNT} = \frac{\% \text{ PN} \cdot \% \text{ RE}}{100}$$

O índice de reatividade das partículas (RE) pode ser calculado por: $\% \text{ RE} = \% F_{10\text{-}20} \cdot 0{,}2 + \% F_{20\text{-}50} \cdot 0{,}6 + \% F_{<50} \cdot 1$. Neste, $\% F_{10\text{-}20}$ é o percentual da fração de partículas de calcário que passa na peneira n.º 10 e fica retida na peneira n.º 20. O $\% F_{20\text{-}50}$ é o percentual da fração que passa na peneira n.º 20 e fica retida na peneira n.º 50. E % $F_{<50}$ é o percentual da fração de partículas que passa na peneira n.º 50.

Assim, é possível prever que quanto melhor é a qualidade do calcário utilizado, ou seja, quanto maior for o seu valor de PRNT, menor será a quantidade de calcário a se aplicar no solo. Estima-se que o valor mínimo de PRNT a ser usado deve ser de 60 a 80%.

MATERIAIS

- Balança analítica;
- balão de fundo redondo de 500 mL;
- manta de aquecimento;
- proveta de 25 mL;
- sistema para filtração gravitacional;
- sistema para titulação.

REAGENTES

- Ácido clorídrico (HCl) em solução aquosa padronizada a 1 mol/L;
- água destilada;
- calcário comercial;
- fenolftaleína a 1%;
- hidróxido de sódio (NaOH) em solução aquosa padronizada a 1 mol/L.

PROBLEMA(S) PROPOSTO(S)

Um adequado controle do pH do solo é de fundamental importância para a maioria dos cultivos agrícolas, se não para todos. Para a correção de um pH ácido, frequentemente se utiliza do calcário comercial, o qual chega a apresentar, quando em boa qualidade, 80% de $CaCO_3$ em sua composição. Sendo assim, como podemos averiguar a pureza do calcário por meio de uma reação química de neutralização?

OBJETIVO EXPERIMENTAL

Realizar uma técnica de volumetria por retorno, aferindo a qualidade de uma amostra de calcário.

DIRETRIZES METODOLÓGICAS

- Obter exatamente 0,5 g de calcário comercial.

- Transferir essa massa para um balão de fundo redondo, de 500 mL de capacidade.

- Adicionar 25 mL de solução aquosa de HCl a 1 mol/L, medidos por uma proveta.

- Agitar o balão para que a suspensão se misture com a melhor homogeneidade possível; aquecer o sistema em manta de aquecimento até quase ebulição.

- A equação envolvida nesse processo, em sua estequiometria, está representada em LXVII.

$$\mathbf{CaCO_3 + 2HCl \rightarrow CaCl_2 + CO_2 + 2H_2O} \qquad \text{(LXVII)}$$

- Em banho-maria, resfriar naturalmente o sistema; após, adicionar 100 mL de água destilada.

- Ferver novamente o sistema em manta de aquecimento, por aproximadamente 1 minuto.

- Resfriar naturalmente.

- Adicionar quatro gotas de solução alcoólica indicadora de fenolftaleína a 1%.

- Titular a amostra com solução aquosa padronizada de NaOH a 1 mol/L até o surgimento de uma coloração levemente rósea.

- A equação envolvida nesse processo, em sua estequiometria, está representada em LXVIII.

$$\mathbf{HCl + NaOH \rightarrow NaCl + H_2O} \qquad \text{(LXVIII)}$$

- Considerar que a diferença entre a massa titulada de HCl e a adicionada originalmente reagiu quimicamente com o $CaCO_3$ contido no calcário.

- Fazer o cálculo da massa de $CaCO_3$ contida na amostra original, aferindo o teor de qualidade do calcário.

QUESTÕES SUGERIDAS

1. Apresentar os cálculos necessários à determinação do percentual em massa de $CaCO_3$ presente na amostra de calcário utilizada.

2. Por que o processo experimental realizado é denominado volumetria de retorno? Quais são as principais diferentes para com um processo de volumetria direta?

3. Poderia se utilizar o mesmo procedimento experimental para determinação do teor de CaO do calcário?

4. Pesquisar o termo "PNRT" para o calcário e a utilização industrial desse sal.

REFERÊNCIAS

MALAVOLTA, E. PIMENTEL-GOMES, F.; ALCARDE, J. C. **Adubos e adubações**. São Paulo: Nobel, 2002. p. 72-74.

PRIMAVESI, A. **Manejo ecológico do solo**: a agricultura em regiões tropicais. São Paulo: Nobel, 2002. p. 504-505.

VASCONCELLOS, P. M. B. **Guia Prático para o Fazendeiro**. São Paulo: Nobel, 1983. p. 35-37.

ATIVIDADE EXPERIMENTAL PROBLEMATIZADA (AEP)

DO LABORATÓRIO À INDÚSTRIA QUÍMICA

AEP N.° 52

TÍTULO

Determinação da acidez total de vinhos por volumetria de neutralização

FUNDAMENTAÇÃO TEÓRICA

O **vinho** é uma bebida alcoólica obtida mediante a fermentação de uvas (dentre outras frutas). É consumido amplamente no mundo todo, e seus registros históricos datam desde 6000 a.C.

A fermentação das uvas a partir de leveduras faz com que os açúcares presentes na fruta sejam convertidos em etanol. Este, por sua vez, devido à presença de bactérias acéticas, é convertido em ácido acético (o vinagre trata-se de uma solução aquosa a aproximadamente 5% deste ácido). Dependendo da quantidade de bactérias acéticas presentes no meio, todo o vinho pode ser convertido em vinagre. Foi o químico francês Lavoisier quem observou esse fato e descreveu pela primeira vez o vinagre como um vinho acidificado. Ele demonstrou que em presença de gás oxigênio e das bactérias acéticas, o vinho se converte naturalmente em vinagre.

A acidez dos vinhos é um fator importante avaliado por seus fabricantes, pois é ele que confere "personalidade" ao produto, sendo assim cuidadosamente controlado.

A presente técnica é empregada para determinação da acidez total de vinhos, sucos, vinagres e outras bebidas que apresentem caráter ácido. Como no vinho há apenas ácidos fracos, utiliza-se uma base forte, como o hidróxido de sódio (NaOH), para realizar a titulação, uma vez que, usando-se uma base fraca, o ponto estequiométrico passa a ser de difícil visualização.

A água destilada em ebulição, utilizada nessa técnica, serve para eliminar o dióxido de carbono (CO_2) e o dióxido de enxofre (SO_2) presentes normalmente nesses tipos de produtos e que são interferentes, e seriam dosados juntamente com os ácidos totais da amostra.

A acidez total titulável em vinhos pode ser expressa em qualquer dos ácidos encontrados nos vinhos (ácido acético, tartárico, málico, cítrico, succínico, ou outro), ou seja, ela demonstra o teor de ácidos tituláveis presentes no vinho. Por exemplo, é considerada normal em uma amostra de vinho uma acidez total com valor entre 0,3 e 0,6% de ácido acético e 0,35 a 0,75% de ácido tartárico. A Tabela 6 mostra alguns dados dos ácidos supracitados com relação aos valores de percentuais, com ênfase no número de hidrogênios ionizáveis por ácido.

TABELA 6 – NÚMERO DE HIDROGÊNIOS IONIZÁVEIS PARA O ÁCIDO ACÉTICO (AC) E ÁCIDO TARTÁRICO (TA)

	ácido acético	ácido tartárico
FM	$C_2H_4O_2$	$C_4H_6O_6$
H^+ ionizáveis	HAc	H_2Ta

FONTE: Os autores.

Portanto, ao se utilizar o ácido acético para fins de cálculos, deverá ser considerado esse ácido tendo apenas um hidrogênio ionizável (monoprótico). O ácido tartárico, por sua vez, trata-se de um ácido diprótico.

MATERIAIS

- Kit tripé, tela de amianto e bico de Bunsen; - sistema para titulação.

- proveta de 100 mL;

REAGENTES

- Água destilada;
- amostra de vinho;
- azul de bromotimol a 1%;
- fenolftaleína a 1%;
- hidróxido de sódio (NaOH) 0,1 mol/L padronizado.

PROBLEMA(S) PROPOSTO(S)

O controle de qualidade do vinho pode ser realizado por aferição de seu teor de ácido acético, por meio de volumetria de neutralização. Para tanto, utiliza-se uma base forte, como, por exemplo, NaOH. Ao se dispor se uma amostra comercial de vinho de 50 mL, em um processo volumétrico, gastou-se 7,6 mL para neutralização do ácido acético a partir de uma solução de NaOH a 0,1 mol/L. Podemos, com isso, afirmar que esse vinho está em boas condições para consumo?

OBJETIVO EXPERIMENTAL

Realizar uma titulação de ácido fraco por base forte, determinando a acidez de uma amostra de vinho.

DIRETRIZES METODOLÓGICAS

- Colocar aproximadamente 150 mL de água destilada em um erlenmeyer e levar o sistema para aquecimento sobre tela de amianto.

- Quando a água estiver em ebulição, retirar o erlenmeyer do aquecimento.

- Com a água ainda aquecida, acrescentar ao sistema uma amostra de 10 mL de vinho.

- Adicionar ao sistema 10 gotas de solução indicadora de fenolftaleína 1% ou de solução indicadora de azul de bromotimol a 1%.

- Titular, pela solução aquosa de NaOH padronizada a 0,1 mol/L, até o aparecimento da coloração azul (quando da utilização do azul de bromotimol como indicador) ou coloração rósea, para vinhos brancos ou violeta em vinhos tintos (quando da utilização da fenolftaleína como indicador).

- A partir do gasto da solução padronizada de NaOH, realizar os devidos cálculos para verificação da concentração de ácido acético na amostra titulada.

- Aferir os valores quanto ao ácido tartárico, utilizando os percentuais fornecidos como referência.

QUESTÕES SUGERIDAS

1. Determinar o percentual de ácido acético e de **ácido tartárico existente na amostra analisada.**

2. Pesquisar características químicas referentes aos principais ácidos encontrados em vinhos.

REFERÊNCIAS

ATKINS, P.; JONES, L. **Princípios de química**: questionando a vida moderna e o meio ambiente. 5. ed. Porto Alegre: Bookman, 2012. p. 486-487.

EMBRAPA UVA E VINHO. **Sistemas de Produção,** 13: Sistema de Produção de Vinagre. Disponível em: <https://sistemasdeproducao.cnptia.embrapa.br>. Acesso em: 18 ago. 2015.

ATIVIDADE EXPERIMENTAL PROBLEMATIZADA (AEP)

DO LABORATÓRIO À INDÚSTRIA QUÍMICA

AEP N.° 53

TÍTULO

Dosagem de H_2O_2 em solução de água oxigenada por permanganato de potássio

FUNDAMENTAÇÃO TEÓRICA

A água oxigenada é uma solução aquosa de peróxido de hidrogênio (H_2O_2); no comércio, é encontrada geralmente em uma solução aquosa a 3% em massa. Quando pura, é um líquido azul pálido, viscoso, de densidade 1,44 $g.mL^{-1}$ (a 25 °C), incolor e de cheiro semelhante ao do ácido nítrico. Seu ponto de fusão é -0,4 °C; seu ponto de ebulição é 152 °C. É solúvel em água em todas as proporções.

A água oxigenada é um composto instável, decompondo-se em temperaturas brandas, principalmente em meio básico. Portanto, sua solução é comercializada em meio ácido (geralmente acidulada com ácido fosfórico). Em presença de metais, carvão, ou dióxido de manganês finamente pulverizado, decompõe-se com facilidade e com efervescência, em um processo bastante exotérmico. Pode ser obtida pela ação de ácidos sobre peróxidos.

A nível molecular, por possuir um átomo de oxigênio a mais do que a molécula de água, o H_2O_2 apresenta um caráter de ácido fraco (p*K*a= 11,75). Possui vasta aplicabilidade. No laboratório, é empregado como oxidante, na indústria, como alvejante, na medicina, como desinfetante, na arte, em restauração de quadros enegrecidos e papéis amarelados.

A água oxigenada é oferecida no comércio em várias concentrações, expressas em volume; ao decompor-se, a solução fornece tantos volumes de gás oxigênio ($O_{2(g)}$) como o indicado em sua concentração. Isso significa que a concentração das soluções aquosas comerciais de peróxido de hidrogênio é indicada pelo número de volumes de O_2 que são obtidos pela decomposição de 1 cm^3 da solução considerada. A água oxigenada a 10 volumes, por exemplo, é aquela que, ao se decompor totalmente, libera uma quantidade de O_2 10 vezes maior do que a da água usada em volume. Assim, 1 mL de água oxigenada a 10 volumes produz, ao se decompor, 10 mL de O_2, considerando-se as CNTP. Com isso, uma solução a 3% de H_2O_2 está, aproximadamente, a 10 volumes. Uma solução a 6% está a 20 volumes. Uma solução de H_2O_2 a 30% está, aproximadamente, a 100 volumes, e se chama peridrol.

A decomposição química do H_2O_2 em água e liberação de gás oxigênio, em sua estequiometria própria, ocorre de acordo com a Equação LXIX.

$$2H_2O_2 \rightarrow 2H_2O + O_2\uparrow \qquad \text{(LXIX)}$$

Ao se considerar a relação massa-volume tratada, temos que 2 . 34,02 g de H_2O_2 produzem 22,4 L de O_2, nas CNTP. Ao se adicionar uma solução aquosa de permanganato de potássio ($KMnO_4$) a uma solução de H_2O_2 acidificada com ácido sulfúrico (H_2SO_4), a reação que se estabelece é mostrada na Equação LXX.

$$2KMnO_4 + 3H_2SO_4 + 5H_2O_2 \rightarrow K_2SO_4 + 2MnSO_4 + 8H_2O + 5O_2\uparrow \qquad \text{(LXX)}$$

Na estequiometria da equação LXX, verifica-se que 2 mols de $KMnO_4$ reagem com 5 mols de H_2O_2. Assim, conhecidos os valores de concentração da solução de $KMnO_4$ e seu volume gasto ao se utilizar desta como solução padrão, podemos determinar a concentração de uma solução de água oxigenada por análise volumétrica, tendo em vista seu teor de H_2O_2.

MATERIAIS

- Balão volumétrico de 250 mL;
- béquer;
- pera de sucção;
- pipeta volumétrica de 10 mL;
- sistema para titulação.

REAGENTES

- Ácido sulfúrico (H_2SO_4) aquoso a 20%;
- água oxigenada (H_2O_2) a 10 volumes;
- água destilada;
- permanganato de potássio ($KMnO_4$) 0,1 mol/L.

PROBLEMA(S) PROPOSTO(S)

O trato com a água oxigenada é comum em nosso cotidiano. Por exemplo, a utilizamos de modo tópico na desinfecção de cortes cutâneos recentes de pequena gravidade. Seu efeito, nesse caso, se deve à liberação de gás oxigênio, em um processo de decomposição, o qual *extermina* possíveis organismos patogênicos existentes na região cortada. Como podemos, cotidianamente, acelerar o processo de decomposição da água oxigenada?

OBJETIVO EXPERIMENTAL

Realizar uma titulação envolvendo um processo de oxidação, determinando o teor de H_2O_2 existente em uma amostra comercial de água oxigenada.

DIRETRIZES METODOLÓGICAS

- Colocar, em um balão volumétrico de 250 mL, 25 mL de solução de peróxido de hidrogênio (solução comercial de água oxigenada), a 10 volumes.

- Completar o volume do balão com água destilada e homogeneizar a solução (processo de diluição, na proporção de 1:10).

- Obtém-se, assim, a solução estoque, que contém 25 mL, ou 10%, da solução original.

- Pipetar 10 mL da solução estoque para um erlenmeyer.

- Esse volume contém 1 mL de solução original (usar pipeta limpa e seca); caso ela esteja molhada, passar pequena porção da solução estoque para um béquer, e enxaguar a pipeta.

- Diluir a solução contida no erlenmeyer pela adição de 90 mL de água destilada, previamente fervida, a fim de eliminação de gás carbônico (CO_2) residual.

- Acrescentar ao sistema 10 mL de solução aquosa de H_2SO_4 a 20%.

- Titular a alíquota com uma solução aquosa padrão de $KMnO_4$ a 0,1 mol/L, até o surgimento da coloração rósea, permanente; a indicação é natural.

- A solução padrão, nesse caso, atua também como indicador. O ponto final da titulação é indicado pela persistência de coloração da solução padrão.

- Realizar o procedimento em triplicata, aceitando resultados discordantes de até 0,2 mL.

QUESTÕES SUGERIDAS

1. A presente dosagem de H_2O_2 se baseia em uma reação de oxirredução (redox). (a) Identificar os agentes oxidante e redutor. (b) Propor uma equação envolvida.

2. Determinar, a partir da solução original de água oxigenada, quantitativamente: (a) a massa de H_2O_2 existente em 100 mL e (b) o n.° de mL de O_2 que podemos obter a partir de 1 mL.

3. Qual é a concentração em massa e em volume do H_2O_2 nas amostras analisadas?

4. O que justifica uma ampla aplicabilidade, industrial e laboratorial, para a água oxigenada?

REFERÊNCIAS

ATKINS, P.; JONES, L. **Princípios de química**: questionando a vida moderna e o meio ambiente. 5. ed. Porto Alegre: Bookman, 2012. p. 651-652.

AEP N.° 54

TÍTULO

Complexos de cobre e de cobalto

FUNDAMENTAÇÃO TEÓRICA

A hemoglobina em seu sangue, a tinta azul de sua caneta e de sua calça *jeans*, a clorofila, a vitamina B_{12} e determinados catalisadores utilizados na fabricação do polietileno contêm complexos de coordenação. São compostos que contêm íons negativos ou moléculas neutras ligadas a íons metálicos, exemplificados pela hemoglobina e clorofila na Figura 42.

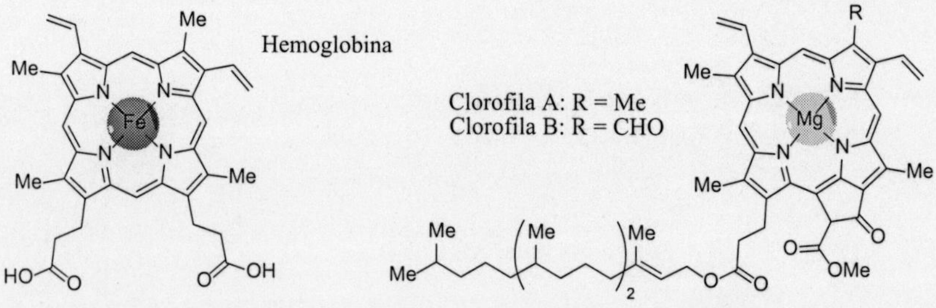

Hemoglobina

Clorofila A: R = Me
Clorofila B: R = CHO

FIGURA 42 – ESTRUTURA MOLECULAR DA HEMOGLOBINA E CLOROFILA
FONTE: Os autores.

A formação de um **complexo** requer dois tipos de espécies: um ligante, que é um íon ou uma molécula que possui no mínimo um par de elétrons disponível para formar uma ligação covalente coordenada,

(Cl^-, H_2O, NH_3, HO^-, por exemplo), e um íon metálico ou um átomo que possui orbitais vazios e uma atração por elétrons (eletronegatividade) suficiente para formar uma ligação covalente coordenada.

Uma **base de Lewis** (ligante) tem disponível um par de elétrons, que é compartilhado com um ácido de Lewi**s** (íon metálico) que aceita esse par de elétrons, dando origem a uma ligação química de natureza coordenada. Muitos íons de metais de transição possuem orbitais "d" vazios, que podem compartilhar pares de elétrons com ligantes, formando tais ligações covalentes coordenadas e assim formando de compostos de coordenação, ou complexos.

A representação de um complexo é feita pelo íon metálico e seus respectivos ligantes delimitados pela utilização de colchetes (geralmente), constituindo-se, assim, uma esfera de coordenação. Na sequência, representamos as esferas de coordenação de íons complexos envolvendo, respectivamente, os íons metálicos cromo, cobalto e níquel: $[Cr(H_2O)_6]^{3+}$, $[Co(NH_3)_6]^{3+}$, $[Ni(CN)_4]^{2-}$.

O íon metálico ou um átomo, em um complexo, é denominado de íon metálico central ou átomo *central*. Os grupos ligados a ele são chamados de *ligantes*, os quais atuam como doadores de elétrons. No complexo $[Cr(H_2O)_6]^{3+}$, a água coordena-se ao íon metálico Cr^{3+} a partir do átomo de oxigênio, então, o átomo doador é o átomo de oxigênio. Esse complexo é mostrado "tridimensionalmente" na Figura 43.

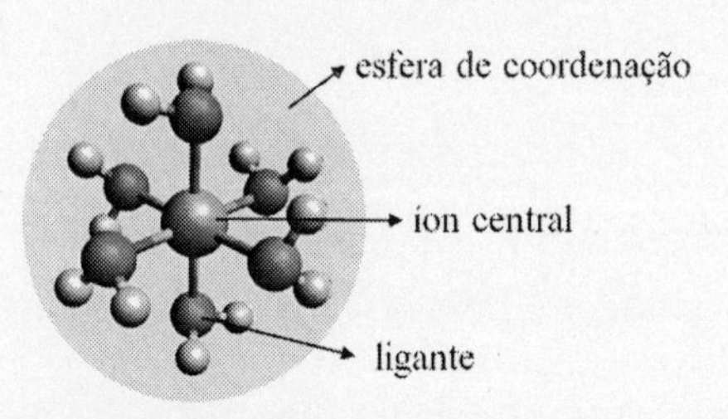

FIGURA 43 – REPRESENTAÇÃO "TRIDIMENSIONAL" DO COMPLEXO $[CR(H_2O)_6]^{3+}$
FONTE: Os autores.

A esfera de coordenação, geralmente representada entre colchetes, inclui o íon metálico central, acrescidos dos ligantes. O número de coordenação (NC) do íon metálico central é igual ao número total de ligações que este executa com seus ligantes. No caso do complexo de Cr discutido, esse número é igual a 6. O NC é importante na caracterização da geometria do completo: complexos de NC = 4 podem admitir geometria tetraédrica (mais comum) ou quadrado-planar; complexos com NC = 6 apresentam geometria invariavelmente octaédrica.

MATERIAIS

- Balança analítica;
- pipetas;
- béquer de 250 mL;
- proveta 10 mL;
- conta-gotas;
- espátula;
- kit tripé, tela de amianto e bico de Bunsen;
- sistemas para filtração a vácuo e gravitacional;
- pera de sucção;
- tubos de ensaio e respectiva grade.

REAGENTES

- Ácido acético concentrado;
- cloreto de cobre II ($CuCl_2$) sólido;
- ácido clorídrico (HCl) aquoso 3 mol/L;
- ditionito de sódio ($Na_2S_2O_4$) sólido;
- água destilada;
- hidróxido de amônio (NH_4OH) aquoso 6 mol/L.
- álcool etílico;
- tiocianato de potássio (KSCN) aquoso.
- cloreto de cobalto ($CoCl_2$) aquoso 2 mol/L;

PROBLEMA(S) PROPOSTO(S)

A formação de um complexo envolve teorias de ligações químicas muitas vezes não corriqueiras para determinados níveis de ensino da Química, como, por exemplo, ensinos fundamental e médio. As ligações de coordenação presentes nesses compostos exemplificam essa afirmação. A partir desta AEP, e sob esse contexto conteudinal e teórico no que se refere aos procedimentos para formação dos complexos de cobre e de cobalto tratados, são possíveis o estabelecimento de elos entre aspectos teóricos e observações experimentais ao se tratar do tema *ligações químicas* em uma amplitude geral? Como podemos fazê-lo?

OBJETIVO EXPERIMENTAL

Realizar a síntese e a caracterização de complexos de cobre e de cobalto, a partir do contato direto entre reagentes e sob sistemas de aquecimento.

DIRETRIZES METODOLÓGICAS

- 1ª parte: sintetizando um complexo de cobre.

- Medir a massa de 2 g de $CuCl_2$ sólido em um béquer de 250 mL.

- Com uma proveta, medir 10 mL de solução aquosa de HCl a 3 mol/L e transferir esse volume ao béquer contendo o $CuCl_2$; verificar a coloração obtida.

- Transferir alguns mililitros dessa solução a um tubo de ensaio.

- Lentamente, com água destilada, diluir o restante para 100 mL de volume total.

- Observar a mudança na coloração do sistema; comparar as duas colorações.

- Adicionar à solução de $CuCl_2$ a solução aquosa de NH_4OH a 6 mol/L, paulatinamente, em poucos mililitros, até verificação de um precipitado de coloração azul-clara.

- Continuar a adição de NH_4OH até a formação de uma solução de coloração escura.

- Vagarosamente, adicionar ácido acético concentrado ao sistema, sob agitação, até ocorrência de nova alteração; descrevê-la.

- Colocar um pouco da solução em um tubo de ensaio, limpo e seco, e adicionar a este uma gota de solução aquosa grosseira de KSCN; verificar a formação de um precipitado de coloração rosada.

- No béquer contendo parte da solução inicial de $CuCl_2$, adicionar cerca de 1 g de $Na_2S_2O_4$; agitar e aquecer o sistema por 2 minutos para aumentar a velocidade de reação.

- Verificar formação de um precipitado de coloração escura; um complexo de cobre.

- Isolar o complexo formado por filtração gravitacional, ou filtração a vácuo.

- <u>2ª parte: sintetizando um complexo de cobalto.</u>

- Separar três tubos de ensaio limpos e secos; adicionar a cada 5 mL de álcool etílico.

- Adicionar 1 gota de solução aquosa de $CoCl_2$ a 2 mol/L a cada um dos tubos e observar a coloração obtida.

- Ao segundo tubo, adicionar quatro gotas de água destilada e, ao terceiro, seis gotas de água destilada; verificar possível mudança de coloração nos sistemas.

- Na solução aquosa de $CoCl_2$, o íon cobalto mantém-se com seis moléculas de água coordenadas a si, $[Co(H_2O)_6]^{2+}$. As moléculas de álcool etílico, no entanto, substituem as moléculas de água na esfera de coordenação do íon cobalto. Há também ocorrência de uma mudança no NC do íon Co^{2+}, passando de 6, no caso do $[Co(H_2O)_6]^{2+}$, para 4, quando coordenado pelas moléculas de álcool etílico. Quando uma molécula do álcool é coordenada, a coloração é vermelha; quando duas moléculas estão coordenadas, a coloração passa a violeta, quando três, é azul intensa.

- Tomar o $[Co(H_2O)_6]^{2+}$ contendo a solução a 2 mol/L de $CoCl_2$ e molhar levemente uma folha de papel em branco. Secar com ar quente o papel, observando alterações.

QUESTÕES SUGERIDAS

1. Explicar o significado dos termos: (a) esfera de coordenação; (b) átomo doador; (c) composto/complexo de coordenação; (d) ligantes; (e) n.º de coordenação e (f) ligante quelato.

2. Indicar o NC e o Nox do átomo metálico central nos complexos de coordenação abaixo:

(a) $[Pt(H_2O)_2]Br_2$; **(b)** $[Zn(NH_3)_4]Cl_2$; **(c)** $[Ni(H_2O)_4]Cl_2$;
(d) $K[Cu(CN)_4(H_2O)_2]$; **(e)** $[Co(C_2O_4)_2]^{3-}Cl_2$.

3. Completar as equações químicas de complexação propostas em LXXI e LXXII.

$$Cu(OH)_2 + 4NH_3 \rightarrow \_\_\_\_\_\_\_\_\_\_\_\_\_\_ + 2OH^- \quad (LXXI)$$

$$CoCl_2 + 4H_2O \rightarrow \_\_\_\_\_\_\_\_\_\_\_\_\_\_ + Cl_2 \quad (LXXII)$$

REFERÊNCIAS

ATKINS, P.; JONES, L. **Princípios de química**: questionando a vida moderna e o meio ambiente. 5. ed. Porto Alegre: Bookman, 2012. p. 680-682.

BROWN, T. L.; LEMAY Jr, H. E.; BURSTEN, B. E. **Química**: a ciência central. 9. ed., São Paulo: Pearson Prentice Hall, 2005. p. 884-887.

AEP N.° 55

TÍTULO

Cianocomplexos

FUNDAMENTAÇÃO TEÓRICA

O **ferrocianeto férrico**, ou azul da Prússia, é um pigmento de coloração azul muito utilizado no tingimento de tecidos e em pinturas; foi acidentalmente descoberto por Heinrich Diesbach, em 1704, em Berlin. Sua coloração azul característica se deve à formação do íon complexo hexacianoferrato (II), $[Fe(CN)_6]^{4-}$. A Figura 44 representa a molécula desse composto, em uma perspectiva de tridimensionalidade.

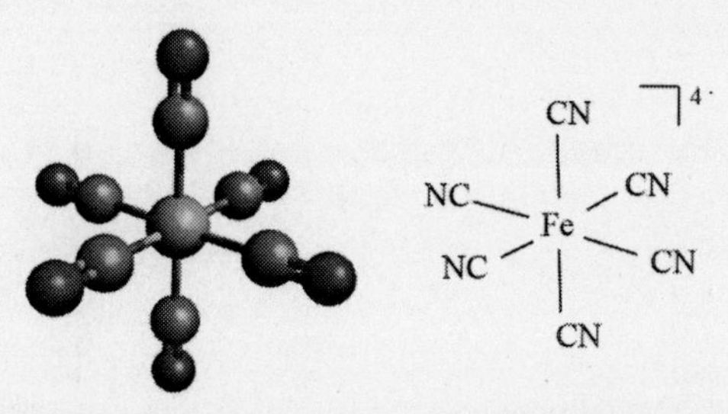

FIGURA 44 - REPRESENTAÇÃO "TRIDIMENSIONAL" E BIDIMENSIONAL DO COMPLEXO $[FE(CN)_6]^{4-}$
FONTE: Os autores.

O cianeto (CN^-) é um íon com grande afinidade por metais, formando complexos estáveis, pois fornece um par de elétrons ao respectivo ácido de Lewis, de maneira muito eficiente. Devido às suas características, ele pode se ligar em metais de sítios catalíticos de enzimas, causando sua inibição. Sua grande toxicidade se deve ao fato de se ligar ao Fe III da enzima citocromo oxidase (ou complexo IV), envolvida na síntese de ATP (respiração celular) pelas células, causando sua inibição e, consequentemente, a falta de energia celular, seguida de morte. Devido a esse fato, o gás cianeto de hidrogênio (HCN) foi utilizado nas câmeras de gás durante a Segunda Guerra Mundial.

Uma das aplicações industriais atuais do CN^- é o seu uso no refino de ouro, em que reage com cianeto de sódio (NaCN) em uma solução contendo água e gás oxigênio, formando o complexo $[Au(CN)_2)]^-$, conforme a Equação LXXIII.

$4Au_{(s)} + 8NaCN_{(aq)} + O_{2(aq)} + 2H_2O_{(l)} \rightarrow 4Na[Au(CN)_2)]_{(aq)} + 4NaOH_{(aq)}$
(LXXIII)

Uma curiosidade sobre a coloração dos complexos de metais (principalmente do *bloco d* da tabela periódica) é que ela depende do tipo dos ligantes e do metal, pois a substituição de determinados ligantes por outros causam consideráveis alterações na coloração de seus complexos.

MATERIAIS

- Béqueres de 50 mL;
- pipetas graduadas;
- frasco apropriado para armazenar de reagentes;
- sistema para filtração gravitacional;
- pera de sucção;
- tubos de ensaio e respectiva grade.

REAGENTES

- Ácido clorídrico (HCl) em solução aquosa grosseira diluída;
- cloreto de ferro III ($FeCl_3$) em solução aquosa grosseira;
- ferrocianeto de potássio ($K_4[Fe(CN)_6]$) sólido;
- tiocianato de potássio (KSCN) sólido.

PROBLEMA(S) PROPOSTO(S)

Muitas sínteses químicas envolvendo a formação de complexos podem ser verificadas experimentalmente pela precipitação do produto formado. É o caso dos dois complexos cujas sínteses estão propostas nesta AEP. Quais são as propriedades pelas quais podemos diferenciá-los, em sua análise direta laboratorial?

OBJETIVO EXPERIMENTAL

Realizar a síntese de diferentes complexos de cianeto (cianocomplexos) a partir do contato direto entre reagentes.

DIRETRIZES METODOLÓGICAS

- Em um béquer de 50 mL, acidificar uma porção de $K_4[Fe(CN)_6]$ em solução aquosa grosseira diluída de HCl e adicionar alguns mililitros de solução grosseira aquosa de $FeCl_3$; formar-se-á um precipitado azul, que indica o ferrocianeto férrico ($Fe_4[Fe(CN)_6]$), segundo Equação LXXIV.

$$3K_4[Fe(CN)_6] + 4FeCl_3 \rightarrow Fe_4[Fe(CN)_6]_3\downarrow + 12KCl \qquad (LXXIV)$$

- Isolar o precipitado, por filtração gravitacional, e acondicioná-lo em frasco apropriado.

- Em um béquer de 50 mL, acidificar uma porção de KSCN sólido com solução aquosa grosseira diluída de HCl e adicionar alguns mililitros de solução aquosa grosseira de $FeCl_3$; formar-se-á um precipitado vermelho de sulfocianeto férrico ($Fe(SCN)_3$), conforme Equação LXXV.

$$3KSCN + HCl + FeCl_3 \rightarrow Fe(SCN)_3\downarrow + 3KCl \qquad (LXXV)$$

- Isolar o novo precipitado por filtração gravitacional e acondicioná-lo em frasco apropriado.

QUESTÕES SUGERIDAS

1. Indicar o número de coordenação e o estado de oxidação do íon metálico nos complexos sintetizados.

2. Pesquisar acerca da atuação altamente tóxica e venenosa do grupo cianeto (CN^-) em um organismo dependente de oxigênio.

REFERÊNCIAS

ATKINS, P.; JONES, L. **Princípios de química**: questionando a vida moderna e o meio ambiente. 5. ed. Porto Alegre: Bookman, 2012. p. 707-710.

NELSON, D. L.; COX, M. M. **Princípios de Bioquímica de Lehninger**. 6. ed., Porto Alegre: Artmed, 2014. p. 739-749.

ATIVIDADE
EXPERIMENTAL
PROBLEMATIZADA (AEP)

DO LABORATÓRIO À INDÚSTRIA QUÍMICA

AEP N.° 56

TÍTULO

Determinação da dureza da água por complexometria

FUNDAMENTAÇÃO TEÓRICA

A água é fundamental para a vida; além de a utilizarmos para beber e preparar alimentos, ela é indispensável à agricultura e à indústria. A água potável é aquela própria para o consumo; não sendo necessariamente 100% pura, deve ser límpida, sem cor, cheiro e sabor, contendo concentrações muito baixas de sais e de metais iônicos.

A **análise complexométrica** ou complexometria compreende a titulação de íons metálicos com agentes complexantes ou agentes quelantes. Um dos agentes complexantes de maior importância laboratorial é o EDTA (ácido etilenodiamino tetra-acético), que forma complexos muito estáveis com vários íons metálicos, na proporção de 1:1 (metal: EDTA), independentemente do estado de oxidação desse metal. Nessas titulações, é muito importante o ajuste do pH do meio em análise, uma vez que em meio ácido, os íons H^+ competirão com os íons metálicos na quelação, e, em meio alcalino, os íons metálicos tendem à formação de hidróxidos alcalinos pouco solúveis. Como a ação máxima complexante do EDTA se dá em meio fortemente básico, muitas vezes há necessidade de adição de um agente complexante auxiliar nas titulações.

A Figura 45 mostra a liberação protônica do EDTA em meio básico e a consequente complexação do metal, a partir de sua disponibilidade de elétrons.

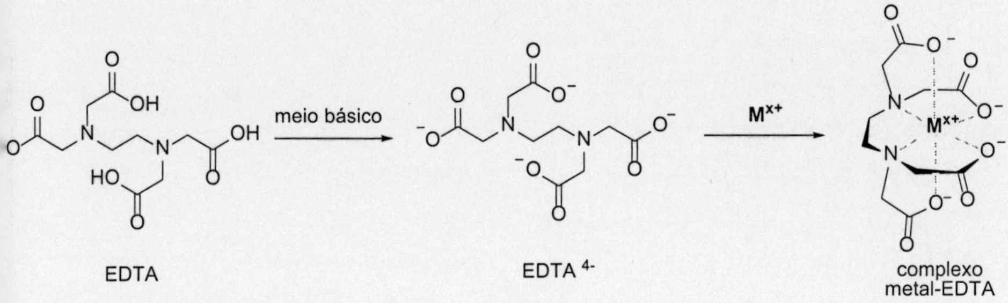

FIGURA 45 – REPRESENTAÇÃO DA DESPROTONAÇÃO E CONSEQUENTE COMPLEXAÇÃO DO EDTA COM UM METAL

FONTE: Os autores.

Definida como **dureza da água**, essa propriedade trata-se de uma característica conferida à água pela presença de sais alcalino-terrosos (cálcio, magnésio, e outros) e de alguns outros metais, em menor proporção. Quando a dureza é devida aos sais bicarbonatos e carbonatos (de cálcio, magnésio e outros), denomina-se temporária, pois pode ser eliminada quase totalmente pela fervura. Quando é devida a outros sais, denomina-se permanente. As águas duras, em função de condições desfavoráveis de equilíbrio químico, podem incrustar nas tubulações e dificultar a formação de espumas com o sabão. A dureza total de uma amostra de água é a concentração total de cátions bivalentes, principalmente de cálcio e magnésio, expressa em termos de carbonatos.

MATERIAIS

- Espátula;
- pera de sucção;
- pipeta de 1 mL;
- proveta de 100 mL;
- sistema para titulação.

REAGENTES

- Água potável;
- hidróxido de amônio (NH_4OH) em solução aquosa tampão a pH = 10;
- murexida sólido;
- sal dissódico de EDTA (EDTA-Na_2) em solução aquosa a 0,01 mol/L.

PROBLEMA(S) PROPOSTO(S)

A dureza da água, entre outros fatores, estabelece condições de potabilidade preconizadas pelo Ministério da Saúde. Laboratorialmente, sua determinação pode ser feita em termos de carbonatos, por volumetria de complexação. A partir desse processo, podemos considerar que a amostra de água tratada experimentalmente está adequada ao consumo humano?

OBJETIVO EXPERIMENTAL

Por meio de uma volumetria de complexação, determinar a dureza total de uma amostra de água potável.

DIRETRIZES METODOLÓGICAS

- Para determinação da dureza total da amostra de água, em termos de carbonatos (CO_3^{2-}), segue-se aos procedimentos abaixo:

- transferir 100 mL da amostra de água para um erlenmeyer, utilizando uma proveta.

- Adicionar ao sistema 1 mL da solução aquosa tampão pH=10 de NH_4OH e uma ponta de espátula do indicador murexida.

- Titular com EDTA-Na_2 em solução aquosa a 0,01 mol/L, lentamente e sob agitação constante, até mudança da coloração de vermelho para violeta.

- Verificar, para efeitos de cálculo, o volume gasto da solução titulante.

QUESTÕES SUGERIDAS

1. Determinar a concentração, em g/L, de **íon carbonato contido** na amostra de água.

2. Qual é a composição mineral da água própria para consumo humano?

REFERÊNCIAS

FELTRE, R. **Química**: Química orgânica. v. 3, 6. ed., São Paulo: Moderna, 2004. p. 214-215.

HARRIS. D. C. **Análise Química Quantitativa**. 6. ed., Rio de Janeiro: LTC, 2005. p. 253-256.

ATIVIDADE EXPERIMENTAL PROBLEMATIZADA (AEP)

DO LABORATÓRIO À INDÚSTRIA QUÍMICA

AEP N.° 57

TÍTULO

Análise de íons metálicos por via seca: na chama

FUNDAMENTAÇÃO TEÓRICA

A **espectroscopia atômica** é uma das ferramentas mais importantes da Química devido à sua alta sensibilidade. Nela, uma amostra é vaporizada a 2000-8000 K, decompondo-se em átomos, sendo estes determinados pela medida de suas absorções ou emissões de radiação em determinados comprimentos de onda, característicos para cada elemento químico.

As absorções ou emissões de radiação ocorrem com interações atômicas por meio dos níveis e subníveis de energia quantizada.

Considerando o átomo de potássio, no qual ${}_{19}K = 1s^2\ 2s^2\ 2p^6\ 3s^2\ 3p^6\ 4s^1$, o elétron do subnível atômico $4s^1$ é o mais externo, sendo que pode ser facilmente elevado ao subnível $4p$, ocorrendo assim uma excitação eletrônica. O elétron excitado apresenta tendência a retornar a seu estado natural (de mais baixa energia), $4s^1$, emitindo um quantum de energia (fóton), que é uma quantidade de energia bem definida, uniforme e característica de cada elemento químico. Nesse caso, obtemos uma coloração violeta da chama.

Apesar de certos metais serem necessários para funções vitais do nosso organismo, tais como o cálcio para os ossos, o ferro para o sangue, o sódio e o potássio para o balanço osmótico nas membranas celulares, a exposição a alguns metais, como o mercúrio, o arsênio e o chumbo, pode ser tóxica e altamente nociva ao sistema metabólico. Dessa forma, a análise qualitativa de metais torna-se de fundamental importância.

Este experimento será realizado a partir de uma simples chama, sendo que uma análise qualitativa de sais puros não requer a fase de vaporização. Para tanto, a amostra a ser analisada deve entrar em contato com a zona redutora da chama, sendo a coloração obtida na zona oxidante (ver próxima AEP; Figura 47).

MATERIAIS

- Alça de platina ou de liga níquel-cromo;
- pipeta graduada de 5 mL;
- bico de Bunsen;
- fósforos de segurança;
- pera de sucção;
- prendedor de madeira;
- tubo de ensaio e respectiva grade;
- vidros de relógio.

REAGENTES

- Ácido clorídrico (HCl) concentrado (37%);
- cloreto de estrôncio ($SrCl_2$) sólido;
- cloreto de bário ($BaCl_2$) sólido;
- cloreto de cálcio ($CaCl_2$) sólido;
- sulfato de cobre penta-hidratado ($CuSO_4.5H_2O$) sólido;
- cloreto de potássio (KCl) sólido;
- cloreto de sódio (NaCl) sólido.

PROBLEMA(S) PROPOSTO(S)

A identificação metálica a partir de seus íons pode ser realizada sem a necessidade de maiores recursos instrumentais ou laboratoriais, e consiste em um cativante experimento para a Química de nível médio. Ao realizá-lo, podemos argumentar, por exemplo, a razão pela qual a chama de um fogão se torna amarela ao se derramar sobre ela a água de cozimento do arroz. No que diz respeito a esse exemplo, o que justifica essa coloração?

OBJETIVO EXPERIMENTAL

Realizar testes de coloração metálica a partir da exposição de sais diretamente à chama de um bico de Bunsen.

DIRETRIZES METODOLÓGICAS

- Colocar o HCl concentrado em um tubo de ensaio, em volume de aproximadamente 5 mL (em capela; luvas adequadas).

- Com auxílio de um prendedor de madeira, levar a alça de platina à chama de um bico de Bunsen até persistência de sua coloração.

- Caso não haja presença de coloração interferente na chama, mergulhar a alça de platina no ácido.

- Retirar da solução ácida e introduzir a alça de platina em uma amostra sólida de KCl.

- Levar a amostra à chama de um bico de Bunsen, em sua zona redutora; verificar e anotar a coloração obtida na zona oxidante.

- Limpar o fio, mergulhando-o novamente em HCl concentrado (em capela).

- Repetir o procedimento com as demais amostras de sais, de acordo com a Figura 46.

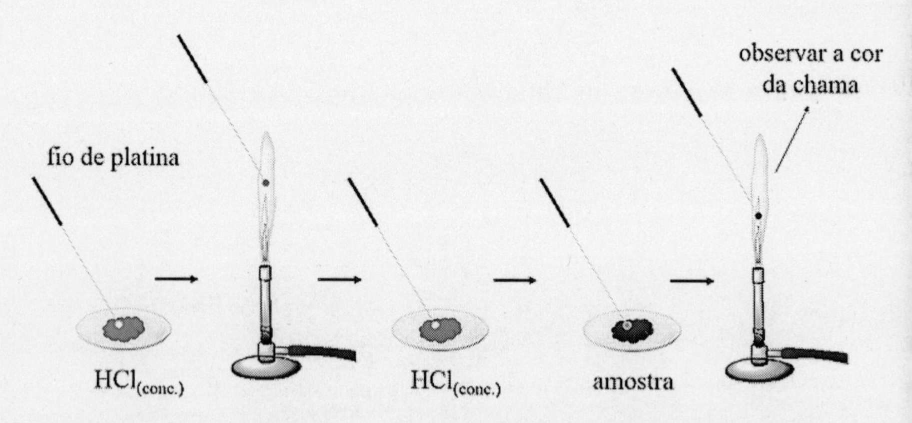

FIGURA 46 – ESQUEMA DO PROCEDIMENTO PARA OS TESTES DE COLORAÇÃO METÁLICA EM CHAMA

FONTE: Os autores.

- Podem ser utilizados outros sais que apresentem estes mesmos cátions, desde que não sejam tóxicos ou possam causar algum tipo de dano à integridade física dos operadores.

- O NaCl normalmente contamina as demais amostras, adulterando os resultados, por esse motivo, deve ser deixado por último.

- Completar o Quadro 29, a partir das colorações obtidas experimentalmente.

amostra	coloração teórica	coloração experimental
Na^{+}	**amarelo-alaranjado**	
K^{+}	**violeta-pálido**	
Ca^{2+}	**vermelho-alaranjado**	
Sr^{2+}	**vermelho-sangue**	
Ba^{2+}	**verde-amarelado**	
Cu^{2+}	**verde-azulado**	

QUADRO 29 – COLORAÇÃO DE CADA METAL NO TESTE DA CHAMA

FONTE: Os autores.

QUESTÕES SUGERIDAS

1. A queima dos sais tratados implica a promoção de elétrons, cujo retorno é revelado pela emissão de luz. A que postulado atômico esse fenômeno está associado?

2. Se usássemos nesta AEP o sulfato de bário ($BaSO_4$) ao invés de cloreto de bário ($BaCl_2$), o resultado experimental deveria ser distinto? Justifique.

3. Por que os fogos de artifício são coloridos?

4. Ao se queimar palha de aço, verifica-se a presença de fagulhas amarelo-alaranjadas e ouvem-se estalidos. Qual é o comportamento esperado na queima de um sal de ferro?

5. Por que os vulcões emitem predominantemente luzes amarelo-alaranjadas e vermelho-alaranjadas?

6. O ensaio de chama pode ser utilizado na identificação de minerais? Justifique.

7. Caso haja uma baixa correlação entre os resultados obtidos e os esperados, o que a poderá justificar?

8. Pesquisar: (a) teorias de evolução dos modelos atômicos; (b) espectros de alguns elementos químicos e (c) configuração eletrônica, em suas exemplificações.

REFERÊNCIAS

HARRIS. D. C. **Análise Química Quantitativa**. 6. ed., Rio de Janeiro: LTC, 2005. p. 499-501.

CRUZ, D. **Tudo é Ciências**: Física e Química. São Paulo: Ática, 2008. p. 226. Disponível em: <http://www.crq4.org.br/sms/files/file/metais_massabni.pdf>. Acesso em: 1 out. 2015.

ATIVIDADE EXPERIMENTAL PROBLEMATIZADA (AEP)

DO LABORATÓRIO À INDÚSTRIA QUÍMICA

AEP N.º 58

TÍTULO

Análise de íons metálicos por via seca: na pérola de bórax

FUNDAMENTAÇÃO TEÓRICA

O **boro** pode ser encontrado naturalmente sob a forma de minerais, como o colemanite ($Ca_2B_6O_{11}.5H_2O$), a sassolite (H_3BO_3), a ulexite ($CaNaB_5O_9.8H_2O$), a boracita ($Mg_7B_{10}Cl_2O_{30}$), a quernita ($Na_2B_4O_7.4H_2O$) e o **bórax** ($Na_2B_4O_7.10H_2O$).

Na sua forma elementar, é adicionado a metais para formar ligas, a fim de aumentar sua resistência e rigidez. As fibras de boro, por sua vez, são utilizadas em estruturas leves e resistentes, como na construção aeroespacial.

O ácido bórico (H_3BO_3) é utilizado como antisséptico e inseticida, enquanto que o bórax é usado como detergente e matéria-prima para fabricação de vidros borossilicatos (material resistente ao calor, destinado a uso doméstico e laboratorial). Devido à sua capacidade de dissolução de óxidos metálicos, o bórax é também empregado como fluxo de soldadura e cerâmico.

A análise qualitativa emprega dois tipos de ensaio: reações por via seca e reações por via úmida. Reações por via seca são aplicáveis a substâncias sólidas. Essa análise fornece informações úteis em um período de tempo menor.

Para os ensaios por via seca, é importante conhecer as zonas principais da chama (Figura 47), sendo que na oxidante ocorre combustão completa e na redutora, combustão incompleta (ver AEP n.º 02; Equações I, II e III).

Ensaios na **pérola de bórax** são desenvolvidos pela formação de uma pérola de bórax, a partir do tetraborato de sódio deca-hidratado ($Na_4B_4O_7.10H_2O$), ou, simplesmente, bórax, e a substância que contém o metal a ser analisado. Isso ocorre devido ao bórax fundido dissolver alguns óxidos metálicos presentes na amostra, formando compostos de coloração definida.

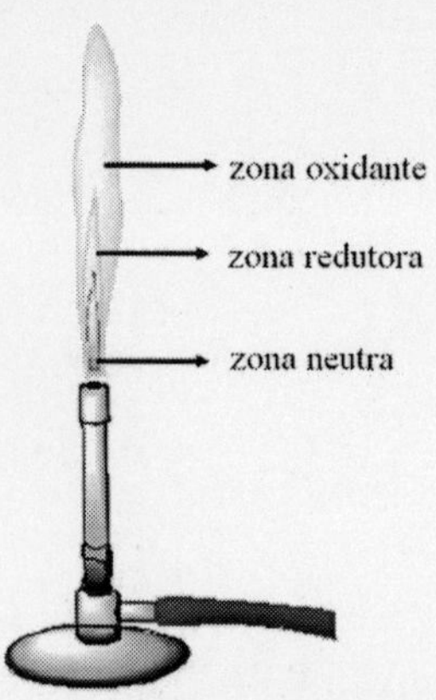

FIGURA 47 – REPRESENTAÇÃO DAS PRINCIPAIS ZONAS DE UMA CHAMA
FONTE: Os autores.

Alguns metais mostram-se producentes com relação à sua identificação na pérola de bórax. As pérolas produzidas, que originam os boratos dos metais, apresentam coloração característica, conforme mostra o Quadro 30, com os sais de Cu, Fe, Cr, Mn, Co e Ni.

metal	chama redutora		chama oxidante	
	a quente	a frio	a quente	a frio
cobre	**incolor**	**vermelho-opaco**	**verde**	**azul**
ferro	**verde**	**verde**	**amarela**	**amarela**
cromo	**verde**	**verde**	**amarelo escuro**	**verde**
manganês	**incolor**	**incolor**	**violeta**	**violeta**
cobalto	**azul**	**azul**	**azul**	**azul**
níquel		**cinza**		**marrom avermelhado**

QUADRO 30 – COLORAÇÃO DE ALGUNS METAIS QUANDO EM CONTATO COM DETERMINADA REGIÃO DA CHAMA
FONTE: Adaptado de Vogel (1979).

Assim, a identificação metálica pelo uso do aquecimento da pérola de bórax, quando associada a outras, consiste em uma útil alternativa na identificação metálica laboratorial.

MATERIAIS

- Alça de platina ou liga níquel-cromo;
- béquer de 50 mL;
- bico de Bunsen;
- fósforos de segurança;
- prendedor de madeira;
- vidros de relógio.

REAGENTES

- Ácido clorídrico (HCl) concentrado (37%);
- cloreto de cobalto ($CoCl_2$) sólido;
- cloreto de cromo ($CrCl_3$) sólido;
- cloreto de ferro III ($FeCl_3$) sólido;
- dióxido de manganês (MnO_2) sólido;
- sulfato de cobre penta-hidratado ($CuSO_4.5H_2O$) sólido;
- sulfato de níquel ($NiSO_4$) sólido;
- tetraborato de sódio deca-hidratado ($Na_4B_4O_7.10H_2O$) sólido.

PROBLEMA(S) PROPOSTO(S)

A identificação metálica a partir de seus íons pode ser realizada sem a necessidade de maiores recursos instrumentais ou laboratoriais, e consiste em um cativante experimento para a Química de nível médio. Ao realizá-lo, podemos argumentar, por exemplo, a razão pela qual os fogos de artifício, quando queimados, emitem colorações diversas. No que diz respeito a esse exemplo, o que justifica essa amplitude de colorações?

OBJETIVO EXPERIMENTAL

Realizar testes de coloração metálica a partir da formação da pérola de bórax e de sua exposição à chama de um bico de Bunsen.

DIRETRIZES METODOLÓGICAS

- Adicionar a um vidro de relógio uma porção de $Na_4B_4O_7.10H_2O$ sólido.

- Levar à chama de um bico de Bunsen um fio de platina (o mesmo utilizado na análise da chama; ver AEP anterior), o qual deve apresentar uma pequena alça e, ao rubor, rapidamente mergulhá-la no bórax pulverizado.

- Levar o sólido aderente à região mais quente da chama (oxidante), originando uma pérola incolor, transparente.

- Umedecer a pérola e mergulhá-la na amostra metálica pulverizada (sal iônico), aderindo uma pequena quantidade desta à pérola anteriormente formada.

- Levar essa mistura à chama redutora e observar a coloração da pérola, a quente e quando resfriada, conforme mostra a Figura 48.

- Com a mesma amostra, repetir o procedimento anterior, utilizando, dessa vez, a zona oxidante da chama.

- A alça de platina deve ser limpa, fundindo-se a pérola na chama e adicionando-a em recipiente com água destilada.

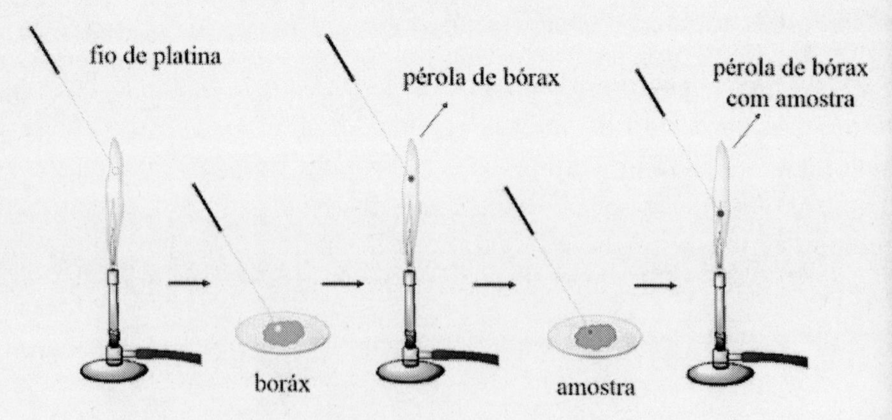

FIGURA 48 – ESQUEMA DO PROCEDIMENTO PARA O TESTE DA CHAMA COM BÓRAX
FONTE: Os autores.

- Conforme realizado, preparar uma nova pérola de bórax para análise das demais amostras metálicas.

- Verificar conformidade dos resultados com os dados teóricos (Quadro 30).

QUESTÕES SUGERIDAS

1. Montar um esquema de identificação para cátions metálicos, a partir da análise da chama e na pérola de bórax.

2. É possível a identificação, com precisão, dos cátions metálicos trabalhados? Justifique.

3. Pesquisar: (a) as equações envolvidas nas identificações tratadas; (b) conceitos em ligação metálica e (c) tipos de combustão.

REFERÊNCIAS

GALVES JÚNIOR.; J. C.; GOÉS, D. T.; LIEGL, R. **Enciclopédia do estudante**: química pura e aplicada. 1. ed. São Paulo: Moderna, 2008. p. 203.

SHRIVER, D. F.; ATKINS, P. **Química inorgânica**. 4. ed. Porto Alegre: Bookman, 2008. p. 311.

VOGEL, A. **Vogel's macro and semimicro qualitative inorganic analysis**. 5. ed., Longman, 1979. p. 466-467.

ATIVIDADE EXPERIMENTAL PROBLEMATIZADA (AEP)

DO LABORATÓRIO À INDÚSTRIA QUÍMICA

AEP N.° 59

TÍTULO

Modelo de separação dos cátions metálicos Pb^{2+}, Ag^{+} e Hg^{2+}

FUNDAMENTAÇÃO TEÓRICA

Determinados íons metálicos são danosos ao meio ambiente, sendo necessária uma análise qualitativa para sua identificação, e posterior quantitativa, para sua quantificação.

Tendo-se como propósito inicialmente apenas uma análise qualitativa, os cátions metálicos mais importantes podem ser classificados em grupos, baseando-se em algumas propriedades comuns a todos os íons pertencentes a um determinado grupo. Entre essas propriedades, podemos citar a diferença de solubilidade de seus respectivos cloretos (Cl^{-}), carbonatos (CO_3^{2-}) e sulfetos (S^{2-}), mediante a adição de um determinado reagente ao meio (amostra).

Dessa maneira, podemos demarcar a existência de cinco distintos grupos de íons, e assim classificar alguns cátions como pertencentes a esses grupos, conforme mostra o Quadro 31.

Grupo I	Cátions pertencentes: íons metálicos chumbo II (Pb^{2+}), mercúrio I (Hg_2^{2+}) e prata I (Ag^+). Esses cátions formam cloretos insolúveis de coloração branca quando tratados com ácido clorídrico (HCl) diluído.
Grupo II	Cátions pertencentes: chumbo II (Pb^{2+}), mercúrio I (Hg^+), cobre II (Cu^{2+}), estanho II (Sn^{2+}), estanho IV (Sn^{4+}), antimônio III (Sb^{3+}), arsênio III (As^{3+}), bismuto III (Bi^{3+}) e cadmio II (Cd^{2+}). Com exceção do chumbo II, os demais cátions desse grupo não formam precipitados com ácido clorídrico, mas sim com a adição de uma solução ácida de **sulfeto de hidrogênio** (H_2S), formando seus respectivos sulfetos. O H_2S pode ser obtido através do aquecimento da tioacetamida (CH_3CSNH_2).
Grupo III	Cátions pertencentes: alumínio III (Al^{3+}), cromo III (Cr^{3+}), ferro II (Fe^{2+}), ferro III (Fe^{3+}), cobalto II (Co^{2+}), manganês II (Mn^{2+}), níquel II (Ni^{2+}) e zinco II (Zn^{2+}). Esses íons metálicos não reagem com os dois reativos anteriores, porém, formam precipitados com solução de **sulfeto de amônio**, $(NH_4)_2S$, em meio básico ou neutro.
Grupo IV	Cátions pertencentes: cálcio II (Ca^{2+}), estrôncio II (Sr^{2+}) e bário II (Ba^{2+}). Formam precipitados de cor branca em presença de uma solução de **carbonato de amônio**, $(NH_4)_2CO_3$, mas não reagem com os reativos dos grupos anteriores.
Grupo V	Cátions pertencentes: magnésio II (Mg^{2+}), sódio I (Na^+), potássio I (K^+), litio I (Li^+), amônio (NH_4^+), íon hidrogênio (H^+) entre outros cátions menos corriqueiros. Esses cátions **não reagem com nenhum dos reativos dos grupos anteriores**, formando assim um grupo por essa característica.

QUADRO 31 – CLASSIFICAÇÃO DOS CÁTIONS EM GRUPOS IÔNICOS, DE ACORDO COM SUAS PROPRIEDADES

FONTE: Adaptado de Vogel (1979).

Conforme foi destacado no Quadro 31, em cada grupo há um reagente de identificação, o qual confere uma reação química específica quando adicionado a uma amostra contendo qualquer dos íons de seu grupo. Assim, determinadas experimentações podem ser desenvolvidas, a título de demarcação de um grupo ou mesmo da identificação de um de seus íons.

MATERIAIS

- Béqueres de 50 mL;
- conta-gotas;
- kit tripé, tela de amianto e bico de Bunsen;
- vidro de relógio.
- sistema para filtração gravitacional;
- tubos de ensaio e respectiva grade;

REAGENTES

- Ácido clorídrico (HCl) em solução aquosa a 6 mol/L;
- ácido nítrico (HNO_3) concentrado;
- água destilada;
- chumbo iônico (Pb^{2+}) em solução aquosa;
- cromato de potássio (K_2CrO_4) em solução aquosa a 0,1 mol/L;
- hidróxido de amônio (NH_4OH) líquido;
- mercúrio iônico (Hg^{2+}) em solução aquosa;
- prata iônica (Ag^+) em solução aquosa.

PROBLEMA(S) PROPOSTO(S)

A análise qualitativa nos permite identificar determinado íon metálico por meio de suas reações analíticas, primeiramente, localizando-se o grupo iônico ao qual pertence, em seguida, buscando-se uma rota experimental peculiar ao íon metálico em questão. Desse modo, como podemos estabelecer um modelo de identificação para os íons dos metais prata, cobre e níquel?

OBJETIVO EXPERIMENTAL

Preparar uma amostra contendo três cátions do Grupo I, identificá-los e, analiticamente, separá-los, a partir do contato direto entre reagentes e em sistemas de aquecimento.

DIRETRIZES METODOLÓGICAS

- Preparar uma amostra, em um béquer de 50 mL, constituída por 15 gotas das soluções aquosas contendo os íons Pb^{2+}, Ag^+ e Hg^{2+}.

- Diluir a amostra com 10 mL de água destilada e acrescentar solução aquosa 6 mol/L de HCl até precipitação dos íons.

- Filtrar o sistema: no filtrado poderia haver cátions de outros grupos; no precipitado, haverá cloretos de chumbo, de prata e de mercúrio, respectivamente, $PbCl_2$, AgCl e Hg_2Cl_2.

- Romper o papel filtro usando bastão de vidro e, com água destilada, transpor os precipitados para um béquer de 50 mL.

- Ferver o sistema por um minuto sobre tela de amianto, em bico de Bunsen.

- Filtrar o sistema a quente: no filtrado, restará Pb^{2+} e, no resíduo sólido, Ag^{+} e Hg^{2+}; isso ocorre porque o $PbCl_2$ é solúvel a quente.

- Tratar o filtrado com solução aquosa 0,1 mol/L de K_2CrO_4; um precipitado amarelo confirma a presença de Pb^{2+}.

- Tratar diretamente o papel filtro com o NH_4OH líquido; um resíduo de coloração negra no papel indica presença de Hg^{2+}.

- Recolher o filtrado resultante do tratamento com NH_4OH em vidro de relógio e adicionar HNO_3 concentrado; a precipitação de AgCl confirma a presença de Ag^{+}.

- Descartar os resíduos de metais pesados utilizados de forma adequada.

QUESTÕES SUGERIDAS

1. Elaborar um esquema que permita a representação da separação dos cátions tratados experimentalmente.

2. Equacionar e classificar as reações químicas observadas.

REFERÊNCIAS

VOGEL, A. **Vogel's macro and semimicro qualitative inorganic analysis**. 5. ed., Longman, 1979. p. 191-296.

ATIVIDADE EXPERIMENTAL PROBLEMATIZADA (AEP)

DO LABORATÓRIO À INDÚSTRIA QUÍMICA

AEP N.° 60

TÍTULO

Identificação dos cátions metálicos Fe^{3+}, Pb^{2+}, Al^{3+} e Ca^{2+} em amostras reais

FUNDAMENTAÇÃO TEÓRICA

O **ferro** puro é um metal branco-acinzentado, que, na presença de oxigênio, assume a coloração vermelha. Na natureza, é encontrado principalmente na forma de óxidos, formando minérios, como a hematita, e também na forma de sulfetos e carbonatos, nos minerais pirita e siderita, respectivamente.

Esse elemento é tão importante que ganhou destaque na história. A "idade do ferro", como ficou conhecida, foi o período entre 1200 a.C. a aproximadamente 1000 d.C., o qual se caracterizou pela capacidade da população da época em utilizar esse elemento para seu benefício.

Atualmente, o seu uso baseia-se principalmente na forma de ligas metálicas, utilizadas na fabricação do aço, fios metálicos, folhas laminares, portões, grades, pregos, imãs etc.

Ele é um elemento essencial para quase todos os tipos de vida, sendo encontrado na forma iônica de Fe^{3+}, que é seu estado de oxidação mais estável. Porém, nesse estado, ele é praticamente insolúvel, dificultando a sua absorção pelas células. Assim, a natureza desenvolveu mecanismos para capturar, transportar, armazenar e utilizar o ferro, de maneira eficiente. Esses mecanismos envolvem principalmente a química de coordenação. O exemplo mais conhecido é a hemoglobina, molécula férrea responsável pelo transporte celular do gás oxigênio. O Fe^{3+}, corriqueiramente, é encontrado em amostras de erva-mate, sucos e cascas de frutas, variedades de solos, cinzas de madeira, folhas de vegetais e em determinados medicamentos.

O **chumbo** puro é um metal de alta densidade, maleável e de coloração azulada, mas na natureza está presente principalmente na forma mineral, a galena, onde se encontra sob a forma de sulfetos.

Devido à sua maleabilidade, o chumbo é utilizado na fabricação de chapas e tubos, e, quando combinado com outros metais, como o cálcio, cobre, estanho e sódio, forma ligas usadas na fabricação de soldas, fusíveis e materiais antifricção. Além disso, compostos de chumbo estão presentes na formulação de algumas tintas e em inseticidas. Entretanto, uma de suas principais aplicações é na produção de baterias elétricas e em coletes de proteção contra raios x.

O íon Pb^{2+} é muito perigoso para o organismo, pois pode ser absorvido por meio do intestino e alojado nos ossos, podendo chegar à corrente sanguínea, atingindo órgãos importantes e tecidos nervosos. A justificativa pela qual o Pb^{2+} poder ser absorvido pelos ossos é que ele possui um raio iônico muito similar ao do íon Ca^{2+}, sendo este substituído pelo Pb^{2+} na hidroxiapatita (constituinte da matriz óssea). O chumbo tetraetila foi um agente antidetonante usado em combustíveis, mas devido aos seus problemas ambientais, seu uso foi descontinuado.

Corriqueiramente, ainda hoje, traços de íon Pb^{2+} podem ser detectados em amostras de enlatados, água potável e vinhos.

O **alumínio** metálico possui uma coloração branco-prateada. É não magnético, de densidade baixa, bom condutor de calor e resistente à corrosão. É o elemento metálico mais abundante da crosta terrestre, constituindo, aproximadamente, 8% em massa das rochas.

Está presente na composição de pedras preciosas, como safiras e rubis, e em vários minérios, como feldspatos e criolitas, mas é a bauxita a principal matéria-prima para a obtenção do alumínio metálico purificado, por meio de sua eletrólise.

A utilização do alumínio (e de suas ligas) se dá principalmente nas indústrias automobilística, naval e aeroespacial, além de seu uso na fabricação de utensílios domésticos, como: panelas, portas, janelas, grades, embalagens etc. Uma característica interessante desse metal é sua camada superficial de óxido, Al_2O_3, que, por ser pouco reativa, fornece proteção para o objeto de contato. Ainda devido à sua reatividade, o alumínio pulverizado é utilizado como combustível para foguetes e na fabricação de explosivos.

Por outro lado, o íon Al^{3+} é tóxico para muitas plantas, diminuindo o rendimento da produção de suas respectivas culturas. Normalmente, ele se encontra na forma de hidróxido, $Al(OH)_3$, que é inerte biologicamente, mas, quando o pH do solo diminui para abaixo de 5, o íon Al^{3+} se torna solúvel, podendo ser absorvido pelas plantas.

O Al^{3+} pode ser detectado, corriqueiramente, em amostras de solos, folhas, cascas de frutas, papel para conservar alimentos e em determinados minérios.

O **cálcio** é um metal de brilho prateado, duro e de baixa densidade, sendo encontrado na natureza na forma de sais e em minerais como calcário, gipsita, fluorita e apatita. É utilizado como componente em várias ligas de cobre, alumínio e chumbo, além de ser usado para eliminar resíduos de enxofre em derivados do petróleo.

Sua obtenção ocorre principalmente a partir da eletrólise do cloreto de cálcio ($CaCl_2$) e pela redução aluminotérmica de óxido de cálcio (CaO), popularmente chamado de cal, com alumínio à alta temperatura e baixa pressão. A cal é obtida através do aquecimento do carbonato de cálcio ($CaCO_3$), que é usado em cerâmicas, argamassas, gessos, na indústria farmacêutica e na agricultura.

Nos seres vivos, além de ser o principal componente inorgânico dos ossos e dentes, os íons Ca^{2+} atuam como mensageiros intracelulares, disparando a ação de certas enzimas em resposta ao recebimento de um sinal elétrico oriundo de outras regiões do organismo. O movimento muscular, por exemplo, ocorre devido à interação de íons Ca^{2+} em proteínas, como a troponina C, por meio da interação do íon com carboxílas dos grupos laterais de determinados aminoácidos (Figura 49). Essa habilidade do cálcio se dá devido à sua rápida velocidade de troca de ligante em uma esfera de coordenação, flexível e ampla.

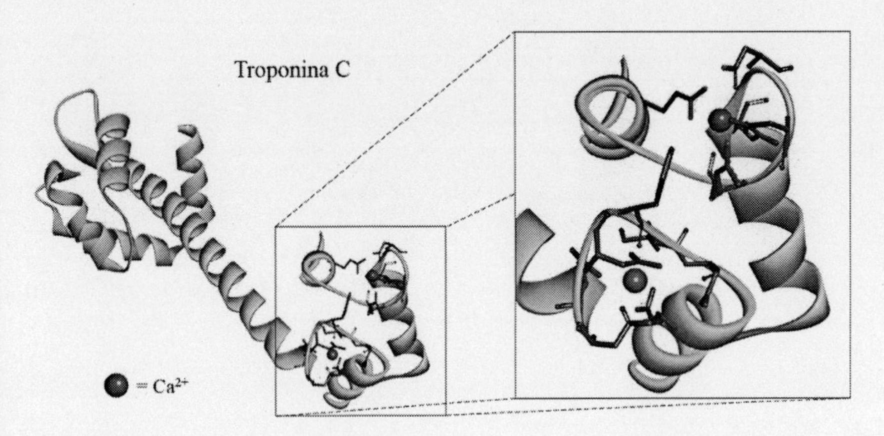

FIGURA 49 – ESTRUTURA DA PROTEÍNA TROPONINA C, EVIDENCIANDO A COORDENAÇÃO DOS ÍONS CA^{2+}

FONTE: Adaptado de Satyshur et al. (1988).

O íon Ca^{2+} pode ser encontrado, corriqueiramente, em amostras de solo, calcário, cascas de ovos, conchas e pérolas, cimento comum e gesso, além de ossos e dentes.

MATERIAIS

- Tubos de ensaio e respectiva grade;
- kit tripé, tela de amianto e bico de Bunsen;
- béquer de 50 mL;
- sistema para filtração comum;
- centrífuga.

REAGENTES

- Ácido clorídrico (HCl) em solução aquosa a 6 mol/L;
- acetato de amônio em solução aquosa grosseira;
- ferrocianeto de potássio ($K_4[Fe(CN)_6]$) em solução aquosa grosseira;
- oxalato de amônio em solução aquosa grosseira;
- ditizona em solução aquosa grosseira;

- acetato de sódio em solução aquosa grosseira;
- ácido oxálico em solução aquosa grosseira;
- aluminon líquido.

PROBLEMA(S) PROPOSTO(S)

A identificação de íons metálicos a partir de amostras reais, ou seja, a análise qualitativa de determinados materiais de fonte cotidiana, pode ser proposta, desde que se disponha de determinados reagentes quimicamente ativos para com as amostras que se deseja analisar. A partir das proposições experimentais desta AEP, podemos adquirir competências para identificar um mesmo íon metálico em duas amostras corriqueiras distintas?

OBJETIVO EXPERIMENTAL

A partir de reagentes específicos, identificar experimentalmente cátions metálicos em amostras reais, desenvolvendo uma rota específica para esse propósito.

DIRETRIZES METODOLÓGIAS

- 1ª parte: identificando o íon metálico Fe^{3+}.

- Tratar a amostra a ser analisada quanto à presença de íon Fe^{3+} com solução aquosa a 6 mol/L de HCl; ferver o sistema por aproximadamente 10 minutos.

- Filtrar; tratar o filtrado com solução aquosa grosseira de $K_4[Fe(CN)_6]$.

- O surgimento de um precipitado de coloração azul indica a presença de íon Fe^{3+} na amostra original.

- 2ª parte: identificando o íon metálico Pb^{2+}.

- Colocar aproximadamente 1 mL da amostra a ser analisada quanto à presença de íon Pb^{2+} em um tubo de ensaio e adicionar alguns mililitros de ditizona em solução aquosa grosseira.

- O aparecimento de uma coloração vermelha indica a presença de íon Pb^{2+} na amostra original.

- <u>3ª parte: identificando o íon metálico Al^{3+}.</u>

- Tratar a amostra a ser analisada quanto à presença de íon Al^{3+} com solução aquosa a 6 mol/L de HCl; aquecer e filtrar o sistema.

- Ao filtrado, adicionar alguns mililitros de acetado de sódio em solução aquosa grosseira e, em seguida, aluminon líquido.

- A formação de um precipitado de coloração vermelho-rosada indica a presença de íon Al^{3+} na amostra original.

- <u>4ª parte: identificando o íon metálico Ca^{2+}.</u>

a) <u>Em amostras de solo</u>:

- tratar a amostra de solo a ser analisada com 30 mL de solução aquosa grosseira de acetato de amônio; agitar por 5 minutos.

- Centrifugar, e, ao sobrenadante, adicionar algumas gotas de solução aquosa grosseira de oxalato de amônio.

- A verificação de um precipitado de coloração branca indica a presença de íon Ca^{2+} na amostra original.

b) <u>Em amostras de calcário</u>:

- dissolver a amostra de calcário a ser analisada em solução aquosa a 6 mol/L de HCl.

- Aquecer o sistema para conversão do carbonato de cálcio ($CaCO_3$) em cloreto de cálcio ($CaCl_2$), pela eliminação de gás carbônico (CO_2).

- Adicionar alguns mililitros de solução grosseira de ácido oxálico ao sistema para precipitação de íon Ca^{2+} na forma de oxalato de cálcio.

- A verificação de um precipitado de coloração branca indica a presença de íon Ca^{2+} na amostra original.

QUESTÕES SUGERIDAS

1. Montar um esquema que permita representar a separação dos cátions tratados experimentalmente.

2. Equacionar e classificar as reações químicas observadas.

REFERÊNCIAS

Estrutura da Tropocina C obtida do site: <http://www.rcsb.org/pdb/home/home.do>. Com o ID 4TNC. (Artigo original de: SATYSHUR, K. A., RAO, S. T., PYZALSKA, D., DRENDEL, W., GREASER, M., SUNDARALINGAM, M. Refined structure of chicken skeletal muscle troponin C in the two-calcium state at 2-A resolution. **J. Biol. Chem**. 263, 1628-1647, 1988).

GALVES JÚNIOR.; J. C.; GOÉS, D. T.; LIEGL, R. **Enciclopédia do estudante**: química pura e aplicada. 1. ed. São Paulo: Moderna, 2008. p. 212-213/219-220/225-226/274-275.

NELSON, D. L.; COX, M. M. **Lehninger**: Principles of Biochemistry. 4. ed., Freeman, 2005. p. 618.

NELSON, D. L.; COX, M. M. **Princípios de Bioquímica de Lehninger**. 6. ed., Porto Alegre: Artmed, 2014. p. 181-183.

SHRIVER, D. F.; ATKINS, P. **Química inorgânica**. 4. ed. Porto Alegre: Bookman, 2008. p. 310-312/366/746.

WOLKE, R. L. **O que Einstein disse a seu cozinheiro**: A Ciência na cozinha. Rio de Janeiro: Zahar, 2003. p. 92.

BIBLIOGRAFIA COMPLETA

ATKINS, P.; JONES, L. **Princípios de química**: questionando a vida moderna e o meio ambiente. 5. ed. Porto Alegre: Bookman, 2012.

BROWN, T. L.; LEMAY Jr, H. E.; BURSTEN, B. E. **Química**: a ciência central. 9. ed., São Paulo: Pearson Prentice Hall, 2005.

ÇENGEL, Y. A. **Transferência de calor e massa**: uma abordagem prática. 4. ed. Porto Alegre: Bookman, 2012.

CRUZ, D. **Tudo é Ciências**: Física e Química. São Paulo: Ática, 2008.

FELTRE, R. **Química**: Química geral. v. 1, 6. ed., São Paulo: Moderna, 2004.

FELTRE, R. **Química**: Físico-Química. v. 2, 6. ed., São Paulo: Moderna, 2004.

FELTRE, R. **Química**: Química orgânica. v. 3, 6. ed., São Paulo: Moderna, 2004.

GALVES JÚNIOR.; J. C.; GOÉS, D. T.; LIEGL, R. **Enciclopédia do estudante**: química pura e aplicada. 1. ed. São Paulo: Moderna, 2008.

GRACETTO, A. C.; HIOKA, N.; FILHO, O. S. Combustão, chamas e teste de chama para cátions: Proposta de experimento. **Química Nova na Escola**, v. 23. p. 43-48, 2006.

GEISSINGER, H. D. The use of silver nitrate as a stain for scanning electron microscopy of arterial intima and paraffin sections of kidney. **Journal of Microscopy**, v. 95. p. 471-481, 1972.

HARRIS. D. C. **Análise Química Quantitativa**. 6. ed., Rio de Janeiro: LTC, 2005.

KARNATAKA, P. M. T. **Competition Science Vision**, n. 126, Pratiyogita Darpan, 2008.

KOTZ, J. C.; TREICHEL, P. M.; WEAVER, G. C. **Química geral e reações químicas**. 6. ed., São Paulo: Cengage Learning, 2009.

MALAVOLTA, E. PIMENTEL-GOMES, F.; ALCARDE, J. C. **Adubos e adubações**. São Paulo: Nobel, 2002.

MATEUS, A. L. **Química na cabeça**. Belo Horizonte: Editora UFMG, 2001.

MERCADANTE, C.; FAVARETTO, J. A. **Biologia**: volume único. 1. ed. São Paulo: Moderna, 1999.

NAJAFPOUR, G. D. **Biochemical Engineering and Biotechnology**. Amsterdam: Elsevier, 2007.

NELSON, D. L.; COX, M. M. **Lehninger**: Principles of Biochemistry. 4. ed., Freeman, 2005.

NELSON, D. L.; COX, M. M. **Princípios de Bioquímica de Lehninger**. 6. ed., Porto Alegre: Artmed, 2014.

PERUZZO, T. M.; CANTO, E. L. **Química**: volume único. 2. ed. São Paulo: Moderna, 2003.

PRIMAVESI, A. **Manejo ecológico do solo**: a agricultura em regiões tropicais. São Paulo: Nobel, 2002.

RIZZON, L. A.; GUERRA, C. C.; SALVADOR, G.L. **Elaboração de vinagre na propriedade vitícola**. Bento Gonçalves: EMBRAPA-CNPUV, 1992.

SATYSHUR, K. A., RAO, S. T., PYZALSKA, D., DRENDEL, W., GREASER, M., SUNDARALINGAM, M. Refined structure of chicken skeletal muscle troponin C in the two-calcium state at 2-A resolution. **J. Biol. Chem**. 263, 1628-1647, 1988.

SHRIVER, D. F.; ATKINS, P. **Química inorgânica**. 4. ed. Porto Alegre: Bookman, 2008.

SOLOMONS, T. W. G.; FRYHLE, C. B.; SNYDER, S. A. **Organic Chemistry**. 11. ed., Wiley, 2014.

VASCONCELLOS, P. M. B. **Guia Prático para o Fazendeiro**. São Paulo: Nobel, 1983.

VOGEL, A. **Vogel's macro and semimicro qualitative inorganic analysis**. 5. ed., Longman, 1979.

WADE, L. G. **Organic chemistry**. 8. ed., Pearson Education, 2012.

WOLKE, R. L. **O que Einstein disse a seu cozinheiro**: A Ciência na cozinha. Rio de Janeiro: Zahar, 2003.

NOTA

A presente obra está vinculada aos objetivos e/ou metas e/ou metodologia previstos nos Projetos de Pesquisa discriminados abaixo.

I. Projeto de Pesquisa, intitulado "DESENVOLVIMENTO TEÓRICO-METODOLÓGICO E APLICAÇÃO DE ESTRATÉGIAS PEDAGÓGICAS PARA O ENSINO EXPERIMENTAL EM CIÊNCIAS: *ATIVIDADE EXPERIMENTAL PROBLEMATIZADA* (AEP)", registrado no Sistema de Informação de Projetos de Pesquisa, Ensino e Extensão (SIPPEE) da Universidade Federal do Pampa (UNIPAMPA), sob o N.º 03.006.16, tendo como equipe proponente/executora os pesquisadores denominados abaixo:

PESQUISADOR	INSTITUIÇÃO	TITULAÇÃO
André Luís Silva da Silva	UNIPAMPA	Doutor
Édila Rosane Alves da Silva	UNIPAMPA	Graduanda
João Markos Machado Oliveira	UNIPAMPA	Graduando
Marcello Ferreira	UNIPAMPA	Doutor
Paulo Henrique dos Santos Sartori	UNIPAMPA	Doutor
Vanice Pasinato da Trindade	UNIPAMPA	Graduanda

II. Projeto de Pesquisa, intitulado "ATIVIDADE EXPERIMENTAL PROBLEMATIZADA (AEP): DESENVOLVIMENTO TEÓRICO-METODOLÓGICO E APLICAÇÃO DE ESTRATÉGIAS PEDAGÓGICAS PARA O ENSINO EXPERIMENTAL EM CIÊNCIAS", submetido à CHAMADA UNIVERSAL – MCTI/CNPQ N.º 01/2016, tendo como equipe proponente/executora os pesquisadores denominados abaixo:

PESQUISADOR	INSTITUIÇÃO	TITULAÇÃO
André Luís Silva da Silva	UNIPAMPA	Doutor
Édila Rosane Alves da Silva	UNIPAMPA	Graduanda
João Markos Machado Oliveira	UNIPAMPA	Graduando
João Paulo Rodrigues do Nascimento	UFPE	Mestre
José Cláudio Del Pino	UFRGS	Doutor
Marcello Ferreira	UNIPAMPA	Doutor
Maria de Fátima Verdeaux	UnB	Doutora

PESQUISADOR	INSTITUIÇÃO	TITULAÇÃO
Pablo Andrei Nogara	UFSM	Doutorando
Paulo Henrique dos Santos Sartori	UNIPAMPA	Doutor
Paulo Rogério Garcez de Moura	UFES	Doutor
Susete Francieli Ribeiro Machado	UFRGS	Mestranda
Vanice Pasinato da Trindade	UNIPAMPA	Graduanda

A natureza deste vínculo estende-se das perspectivas de utilização desta obra para finalidades acadêmicas diversas, sob âmbito geral, à potencialidade de ampliação das possibilidades formativas dos acadêmicos do Curso de Ciências Exatas – Licenciatura da Universidade Federal do Pampa (Unipampa), *campus* Caçapava do Sul, instituição na qual um de seus autores é Professor Adjunto, na área do Ensino de Química.

E-mail para sugestões e críticas: andresilva@unipampa.edu.br